伝統技術による現代的価値創造

滋賀県彦根市 井上仏壇の製品開発戦略

大橋松貴［著］

サンライズ出版

まえがき

　本書は，伝統的な仏壇産地で活動する企業を調査対象とし，産地で育まれた製造技術（以下，伝統技術）を活用した異分野での製品開発について検討するものである。事例として選択したのは滋賀県彦根市を中心とした彦根仏壇産地であり，調査対象は同産地で活動する井上仏壇・㈱井上（以下，井上仏壇）である。井上仏壇は伝統的な彦根仏壇を取り扱っているが，同店の特徴は彦根仏壇の伝統技術を活用した仏壇以外（以下，異分野）の製品開発を積極的に展開している点にある。本書では，井上仏壇の異分野での製品開発について検討していくが，ここでは本論の前提となる仏壇（彦根仏壇）や現代社会における彦根仏壇の可能性について確認する。なお，本書では便宜上，「製品＝商品」ととらえ，表記している。これについて，本書の一部の内容については「商品」としての意味合いが強いものもあるが，これについても，本書ではすべて「製品」と表記している[1]。

仏壇とは何か──仏壇の起源と役割

　仏壇とは，もともと「仏教寺院で本尊である仏菩薩などを祀る場」[2]である。仏壇の起源については平安貴族や中世武家の邸内の堂（持仏堂[3]）にあるとされ，その後，家屋のなかに取り込まれて仏間になり，さらに変化して家具のひとつのような現在の仏壇（箱仏壇）となった[4]。この仏壇を製造するには専門の職人集団が必要であり，次第に「漆，金箔，彫刻，蒔絵等の装飾が加えられた豪華なもの」[5]になっていく。なお，仏壇の普及については「江戸時代に各藩が倹約令で京仏壇を贅沢品として禁止していることから考えると，江戸時代中期以後には仏壇が庶民に普及していたと推察される」[6]とされており，本書で取り上げている彦根仏壇が誕生した時期とほぼ同じであると考えられる。次に，仏壇の役割について確認する。

五来（1994）は，日本人にとって仏壇は「二重の意味と価値をもつもの」になったとし，「仏教信仰の対象として仏を礼拝し，その加護を願い，奇跡を祈る聖壇」であり「祖先を想い，感謝し，また加護を祈る祭壇」[7]であると述べている。また面矢（2015）も，仏壇について「多くの家では仏像や仏画とともに家の先祖（祖霊）を祀っており，仏教と祖霊信仰の両方のために使われている」[8]と述べている。これらのことから，仏壇は仏教と祖霊信仰の対象として存在していると考えられる。

現代社会における彦根仏壇の可能性

　一般的に，彦根仏壇は工部七職とよばれる職人による分業体制でつくられる。工部七職とは「木地師，漆塗師，金箔押師，錺金具師，蒔絵師，宮殿師，彫刻師」[9]のことであり，それぞれの工程は高度な専門技術を保有する職人により支えられている。一方，それらの職人が手がけた部品を検品し，組立，販売する役割を担うのが本書で取り上げている井上仏壇のような仏壇店である。これらの役割を担うアクターは工部に対し商部とよばれる。このように，彦根仏壇は職人（工部）と仏壇店（商部）により，製造・販売されている。

　本書で取り上げているのは井上仏壇であり，仏壇の部品の検品，組立，販売を担う企業（商部）である。本書では，ここに同店がさまざまな異分野での製品開発を積極的に展開することができた要因があると考える。その主な要因とは（1）工部七職すべての技術を広く浅く把握している，（2）産地以外のアクターとの接触機会が多い，という点である。（1）は前述したように，商部の検品や組立といった作業に関連するものである。仏壇店などの商部は工部が手がけた部品をその都度検品し，次の工程に進めてよいかを判断し，組立てることで製品を完成させる。このように，仏壇店は彦根仏壇の製造過程で工部と積極的に関わっているため，大まかにではあるものの「どの製造工程でどのような伝統技術が活用されているのか」といったことなどを理解

している。(2)は商部の販売に関連するものである。一般的に，工部の職人は商部から受注した部品を製造することに専念している。これに対し，商部は前述したような検品や組立といった製造に関わる作業のほかにも販売業務を担当しているため，消費者や小売店とのつながりを形成しており，買い手側の嗜好を日常的に知ることができる。

　本書で取り上げる井上仏壇は，このような強みをいかして異分野の製品開発を積極的に展開しているが，代表の井上は「技術の選択と製品コンセプトの設定が難しい」[10]と述べている。彦根仏壇は工部七職とよばれる職人によってつくられるため，大別すると7つもの伝統技術が存在している。そのため，「どの伝統技術を活用するのか」という技術の選択が難しいという[11]。さらに，この伝統技術の選択と消費者に受け入れられる製品をつくるための「製品コンセプトの明確化」を同時に進めることはさらに難しく[12]，同店の場合も開発する製品によって活用する伝統技術や製品コンセプトは異なっている。ただし，このような課題は存在するものの，彦根仏壇産地で長い年月をかけて育まれてきた伝統技術のポテンシャルは高く，活用の仕方次第では大きな可能性があるのも事実である。そのため，本書では「高いポテンシャルのある伝統技術をどのようにして製品開発にいかしてきたのか」ということについて，彦根仏壇産地で活動する井上仏壇の事例を通して検討していく。

注

1）本書では，主に第3章，第4章，第5章の内容が該当する。
2）長谷川（2012:310）。
3）持仏とは「守り本尊として朝夕にその人が礼拝する仏」であり，持仏堂は「持仏または祖先の位牌を安置する堂または室」である（新村編, 1991:1172）。
4）面矢（2015:2），長谷川（2012:310）。なお，面矢（2015）はCD-ROM媒体であるため，ページは記載されていないが，本書では便宜上，面矢（2015）の

論文の中でのページを表記している。

5）面矢（2015:2）。

6）長谷川（2012:310）。

7）五来（1994:195-6）。

8）面矢（2015:2）。

9）「江州彦根七職家」（パンフレット）。

10）2018年10月18日，井上昌一（井上仏壇代表）へのインタビューによる（120分，「異分野での新製品開発における伝統技術の選択と製品コンセプトの設定の難しさについて」ほか）。

11）2018年10月18日，井上昌一（井上仏壇代表），2018年11月1日，井上隆代（同店取締役）へのインタビューによる（120分〔10月18日，11月1日〕，「異分野での新製品開発における伝統技術の選択の難しさについて」ほか）。

12）2018年10月18日，井上昌一（井上仏壇代表），2018年11月1日，井上隆代（同店取締役）へのインタビューによる（120分〔10月18日，11月1日〕，「異分野での新製品開発の難しさについて」ほか）。

参考文献

面矢慎介，2015，「彦根仏壇産業の歴史と現在」*Bulletin of Asia Design Culture Society* ISSUE NO.9 ORIGINAL ARTICLES NO.2015JT007 Accepted March11, 2015〔CD-ROM〕.

五来重，1994，『日本人の死生観』角川書店。

新村出編，1991，『広辞苑 第四版』岩波書店。

長谷川嘉和，2012，「伝統産業誌」彦根市史編集委員会編集，2012，『新修 彦根市史 第11巻 民俗編』彦根市，pp.309-24。

目　次

第6章 彦根仏壇の伝統技術を結集した
「魅せる」ブランド──「INOUE」

第7章 本研究のまとめと今後の課題

補　章　伝統産地の特性と活動
──滋賀県彦根市を中心とした彦根仏壇産地の事例

あとがき

第 1 章

本研究の枠組みと研究視座

七曲がり通りと井上仏壇店

1. 本研究の動機と意義

　本書は，滋賀県彦根市を中心とした彦根仏壇産地で活動する井上仏壇を調査対象とし，同店の異分野での製品開発[1]について論じたものである。彦根仏壇には350年以上もの歴史があり，1975年にはわが国の仏壇業界ではじめて通商産業大臣指定伝統的工芸品に指定される[2]など，その技術や品質は高い評価を受けている。また，本研究の調査対象である井上仏壇は1901年に創業して以来，従来の彦根仏壇に関する活動だけでなく，その伝統技術を新たな製品開発を行うにあたって積極的に取り入れ，2016年には経済産業省の「はばたく中小企業・小規模事業者300社」に選ばれる[3]など，現在においても高い評価を受けている企業である。

　筆者は，これまで彦根仏壇産地および井上仏壇の製品開発について調査を実施してきたが，その対象は主に同店の「柒⁺」や「chanto」といった活動が中心であった。前者は，彦根仏壇産地で活動するアクターがチームを結成し，「新しい祈りのかたち」をコンセプトにした新たな仏壇を開発・販売する活動である。後者は，井上仏壇が創設したオリジナルブランドであり，彦根仏壇の漆塗りの技術を活用したカフェ用品シリーズである。特に，後者については井上仏壇が独自に行っている活動であり，同ブランドは国内だけでなく，海外の展示会にも数多く出展され，グローバルレベルで高く評価されている。そのため，筆者は同店が展開している異分野での製品開発に焦点をあてた研究をおこなってみたいと思うようになっていった。これまでの調査で，井上仏壇の異分野での製品開発は大きく5つ（「Black & Gold Collection（以下，「B & G Collection」）」，「chanto」，冷酒カップ，ぐい飲み[4]，「INOUE」）に分類されることが分かってきた。そのため，本書では，最初にこれらの活動を取り上げ，(1) 活動の全体像とプロセス，(2) 製品の特性（概要と特徴〔強み〕および課題）について概観する。前者では異分野での製品開発に関する活動全般について，後者では開発された製品そのものに関する事柄について

取り上げる。そのうえで，後述する研究視座にもとづき，井上仏壇の異分野での製品開発について検討する。

　筆者は，これまでにも井上仏壇の製品開発について取り上げているが，これらは主に同店の製品開発と地域価値および企業業績との関係を論じたものであり，本書のような異分野での製品開発に焦点をあてたものではないため，その点においてここでの研究視座はこれまでのものとは異なっている。

2. 調査方法と調査対象

　本節では，本研究の調査方法と調査対象について述べる。

2.1 調査方法

　本研究は調査対象である井上仏壇の伝統技術を活用した異分野での製品開発について検討するものである。井上仏壇の活動を検討するにあたり，本研究では同店へのインタビュー[5]および提供を受けた一次資料などを中心にした質的調査[6]を2018年から2022年まで実施した。ただし，本研究の調査設計は大橋（2019）の過程で得られた調査データや結果，各種提供資料をもとにしているため，ここでは最初にその点について確認する。

　大橋（2019）では井上仏壇の製品開発について，主に「柒⁺」や「chanto」,「ご当地仏壇」といった活動を取り上げ，これらの活動と地域価値および企業業績との関係について論じた。筆者は，その過程において井上仏壇の活動全般についても調査を実施していた[7]が，それら個々の活動については概要を調査するにとどめていた。その理由は同店の活動そのものの数が多く，一定期間内にすべての調査を実施することは困難であると感じたためである。ただし，近年における同店の特徴は彦根仏壇の伝統技術を活用した異分野での製品開発を展開している点にあり，それらの活動が対外的に高く評価されている[8]のも事実である。そのため，筆者は井上仏壇の活動のうち，「彦根仏壇

の伝統技術を活用した異分野での製品開発」という条件に該当するものをピックアップした。その結果，その条件に該当する活動は「B & G Collection」，「chanto」，冷酒カップ，ぐい飲み，「INOUE」の5つであることが分かってきた。

そこで，筆者は同店のこれら5つの製品開発についてこれまで収集した質的データ[9]を見直し，新たにインタビュー項目を設定した。そして，その内容について㈱井上代表取締役社長（以下，井上仏壇代表）である井上昌一（以下，井上）に確認を依頼し，取材の許可を得，インタビュー調査を実施した。なお，同店へのインタビューは半構造化面接法（semi-structured interview）[10]で実施している。なお，インタビュー項目の追加や修正，参考になる一次資料（井上仏壇からの提供を含む）の活用度合いについては適宜，井上代表と打ち合わせを実施しながら進めていった[11]。次に，本研究の研究対象について述べる。

2.2　調査対象

本研究の調査対象は，滋賀県彦根市で活動する井上仏壇である。そのため，ここでは同店の沿革や組織概要について確認する。

最初に，井上仏壇の沿革について確認する。同店は，1901年に初代井上久次郎が叔父の錺金具師である久田三郎から仏壇職人（錺金具師）として彦根市沼波町にて独立創業したのがそのはじまりである。その後，1918年に現在の彦根市芹中町に店舗を移転し，1920年ごろから仏壇の製造を開始するようになる。1948年からは本格的に仏壇の製造・販売を開始し，1991年からは現在の代表である井上が事業を継承している。

井上仏壇の経営方針が大きく転換したのは現在の代表である井上が事業を継承してからである。井上が事業を継承した当時，仏壇産業は転換期を迎えつつあったものの，それほど苦境に立たされていたわけではなかった。しかしながら，井上は今後の仏壇産業や自身の店舗の先行きに不安を感じていた。それは，昭和から平成へと時代が移り変わるなかで，人々のライフスタイル

や価値観などが大きく変化してきているのを感じていたためである。そのような不安を抱いていたものの，自身の店舗の売上はそれほど変化していなかったこともあり，井上は事業を大きく変化させることはしなかった。

　この状況が大きく変わることになるのは1997年ごろである。このころになると，店の売上がそれまでの半分程度にまで減少し，井上の抱いていた不安は現実のものになる。このような状況を受け，井上は彦根仏壇という枠組みのなかで新たな製品開発を進めていく。

　当初は，シックハウス症候群に対応した仏壇[12]や傷がつきにくい金紙を用いた仏壇[13]といったものを開発していたが，次第に仏壇以外の製品を開発・販売するようになる。井上はそのような事業展開を円滑に進めるために，2009年に㈱井上を設立，複数の事業を展開できるような組織体制を構築していった。現在では，従来の彦根仏壇に関する事業のほか，本書で取り上げているような異分野での製品開発も積極的に展開している。

　次に，井上仏壇の組織概要について確認する。前述したように，同店は井上仏壇と㈱井上により構成されている。前者は，従来の伝統的な彦根仏壇の製造を担当しており，彦根仏壇産地で活動している職人とのつながりが強い。一方，㈱井上は広報活動や製品開発・販売を担当しているため，彦根仏壇産地の職人以外にもさまざまなアクターとのつながりを構築している。本書で取り上げるのは井上仏壇の異分野での製品開発・販売であるため，厳密にいえば井上仏壇ではなく，㈱井上が担当している事業である。ただし，ここでは彦根仏壇の伝統技術を活用した製品開発という意味合いを込め，「井上仏壇」という表記に統一する。

3.　本研究におけるイノベーション概念とその特徴

　本研究の調査対象である井上仏壇は，彦根仏壇の伝統技術をいかした異分野での製品開発を積極的に展開している企業である。そのため，本節では同

店の異分野での製品開発を取り上げるにあたり，イノベーション（innovation）[14]に関する先行研究を概観し，検討していく。

3.1　本研究におけるイノベーション概念の検討

　ここでは，イノベーションに関する先行研究を概観し，本研究におけるイノベーション概念について検討する。延岡（2006）は，イノベーションを「新しい商品や事業を創造すること」であるとし，「新しい技術だけでなく，新しい経営の仕組みや事業システム」[15]を含んだ概念であると述べている。また，米倉・青島（2001）は「個人あるいは集団のアイデアの創出に始まって，それが具現化され，そして最終的に社会に受け入れられるまでの一連の社会的プロセス」[16]，安田・玉田（2015）は「新知識・製品・サービスが誕生して普及し，その過程で経済効果が発生するという一連のプロセス」[17]のことであると述べている。

　このように，イノベーションとは「新たなものを生み出す」という共通項はあるものの，論者によってとらえ方はさまざまである[18]。そのため，ここでは本研究のコンテクストに沿う形でイノベーション概念を措定する。

　本研究の調査対象である井上仏壇は異分野での製品開発を進めるにあたり，既存の彦根仏壇事業で培われた伝統技術を積極的に活用している。また，事業システムについても，それまでの製造上のネットワークに加え，新たなアクターとも連携するなどして新製品の開発体制を構築している。このようにして生み出された新製品は，一定の売上を確保しつつ，多くのメディアに注目されているため，自社のPRにも貢献しているなど幅広い意味での成果を上げているととらえることができる。これらの内容を踏まえ，本研究ではイノベーションを「既存事業の製造技術を活用した新製品を開発したり，それを実現する事業システムを構築することで，幅広い意味での成果を収める一連の活動プロセス」であると措定する。次に，中小企業のイノベーションの特徴について本研究のコンテクストに沿う形で検討する。

3.2 中小企業のイノベーション

　中小企業のイノベーションを検討するにあたり，山本（2014）の議論が参考になる。そのため，ここでは山本の議論をもとに，中小企業のイノベーションについて，本研究のコンテクストに沿う形で検討する。

　山本（2014）は「中小企業の研究開発活動が営業利益率向上のための重要な要素である」[19]とし，「顧客ニーズの把握について見直すことで潜在的なニーズを見極め，これを積極的に対応する形で新たな製品やサービス等を開発するイノベーションを実現させていくことが，市場の創造と開拓に繋がっていく」[20]としている。本研究のコンテクストに沿っていえば，井上仏壇が既存の彦根仏壇を購入する顧客層のニーズを見直すことで，潜在的なニーズ（彦根仏壇の伝統技術をいかした魅力的な異分野の製品）を見極め，それに対応するものを開発するイノベーションを実現させることにより，新たな市場の創造および開拓に繋げていくことであるといえる。

　また，山本は中小企業のイノベーションの特徴として，(1) 経営者のリーダーシップ，(2) 継続的な創意工夫，(3) ニッチ市場での担い手，を挙げている[21]。

　まず，(1) の経営者のリーダーシップである。山本は「中小企業がイノベーションに向けた具体的な取り組みを行うなかでは，経営者による創意工夫が最も重要」[22]になるとし，経営者自身がチャレンジ精神を持ち，意思決定を迅速に行うことでリーダーシップを発揮することができると述べている。井上仏壇代表の井上は，2009年に「B & G Collection」を発表して以降，次々と彦根仏壇の伝統技術をいかした異分野での製品開発を展開している。そのため，山本のいうようなリーダーシップを備えた経営者であるとみることができる。

　次に，(2) の継続的な創意工夫である。多くの中小企業は，大企業のように十分な経営資源を備えてはいない。そのため，継続的に研究開発活動を続けることは難しい。山本は，このような中小企業について「現場業務のなかで創意工夫やひらめきによって生産工程の改善や新技術の開発などの新結合

を生み出すことで，イノベーションを実現させている」[23]と述べている。井上仏壇の場合，日常的な業務は主に彦根仏壇の製造プロセス全体の管理である。そのため，同店は彦根仏壇の伝統技術を広く浅く知ることができる位置にあり，普段から「これらの伝統技術を製品開発にどのように役立てることができるのか」ということを考えることができる土壌は整っているとみることができる。ただし，同店の場合，自社が自ら必要性を感じて開発した製品だけでなく，外部のアクターとの関わりをきっかけに開発したものもあり，開発のきっかけは製品により異なる。そのため，同店はさまざまなきっかけを上手く活用し，日常業務で触れている伝統技術を製品開発にいかしているとみることができる。

　最後に，(3)のニッチ市場 (niche market) での担い手である。ニッチ市場とは「事業機会の見落とされた，したがって埋めねばならない隙間市場」[24]のことである。山本は，「中小企業は企業規模が小さく経営者の迅速な意思決定によって小回りが効くことから，潜在的なニーズを把握してイノベーションに取り組み，新たなニッチ市場を開拓することが期待」[25]されていると述べている。前述したように，井上仏壇は代表である井上のリーダーシップのもと，2009年にはじめての異分野での製品開発を行ったのち，次々とさまざまな製品を開発・販売している。それらの製品は，「伝統的な仏壇の製造技術をいかしたインテリアや生活雑貨」といったものであり，通常のインテリアや生活雑貨とは異なるより小さな市場，いわゆるニッチ市場を対象としている。

4.　本研究の研究視座

　本節では，本研究で提示する3つの研究視座について述べる。図1.1は本研究の研究視座を示したものである。

図1.1　本研究における3つの研究視座

※当該図は筆者が作成。

第1の研究視座：井上仏壇の製品開発体制

　井上仏壇はさまざまなアクターと連携しながら異分野での製品開発を展開している。ただし，同店はすべての製品をまったく同じアクターと連携して展開しているわけではない。同店の異分野での製品開発は，「異分野」という点は共通しているものの，それぞれの製品を開発する背景や対象となる市場などは異なっている。そのため，ここではそれぞれの製品開発において，井上仏壇がどのような経緯を経て体制を整えていったのかについて確認する。そして，そのうえで同店の製品開発体制の特徴や課題について検討する。

第2の検討：井上仏壇の製品開発と彦根仏壇の伝統技術との関係性

　井上仏壇は異分野での製品開発を展開するにあたり，すべての製品分野で彦根仏壇の伝統技術を活用している。一般的に，彦根仏壇は工部七職とよばれる職人により手掛けられている。それに対し，井上仏壇のような商部とよばれる仏壇店は職人がつくった部品の検品や最終工程である組立作業などを担当している。このように，仏壇店は彦根仏壇の製造プロセス全体を管理しているため，各工程について広く浅く知ることができる位置にある。井上仏壇はそのポジションを製品開発にいかすことで，異分野での製品開発を展開してきた。ただし，一口に「彦根仏壇の伝統技術の活用」といっても活用の度合い（技術の数や程度）についてはプロジェクトごとに違いがみられる。

そのため，本研究ではプロジェクトごとに彦根仏壇の伝統技術の活用について確認したうえで，井上仏壇の異分野での製品開発と彦根仏壇の伝統技術との関係性について検討する。

第3の研究視座：製品の特徴（強み）と課題

　ここまで，2つの研究視座を提示してきたが，これら2つを組み合わせたものが第3の研究視座である。第3の研究視座は製品の特徴（強み）と課題であるが，これは井上仏壇の製品開発体制（含活動プロセス）および彦根仏壇の伝統技術の活用度合いがどのような製品を生みだしたのか，そしてその製品の抱える課題とは何かという点について検討するものである。同店の製品開発は自社が中心になって進めたものだけでなく，チームの一員として進めたものもあり，製品開発体制はプロジェクトによって異なる。また，前述したように，彦根仏壇の伝統技術についてもプロジェクトによりその活用度合いは異なる。ここでは，それらの要因がどのような特徴（強み）をもつ製品を生みだし，同時にどのような課題を抱えているのかについて検討する。

5.　本書の構成

　本書では，井上仏壇の異分野での製品開発について時系列的（製品の販売順）に記述している。同店の異分野での製品開発を時系列的にみてみると，「B & G Collection」（2009年5月），「chanto」（2011年8月），冷酒カップ（2012年3月），ぐい飲み（2016年7月），「INOUE」（2016年11月）という流れになっている。そのため，本書では章ごとにこれらの活動を一つずつ取り上げるというスタンスを採っている。

　以上の内容を踏まえ，ここでは本書の構成を述べるにあたり，それぞれの製品開発について時系列的に概説していく。図1.2は井上仏壇の異分野での製品開発を時系列的に整理したものである。

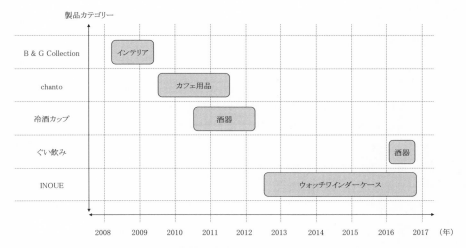

製品カテゴリー

B & G Collection	インテリア	
chanto	カフェ用品	
冷酒カップ	酒器	
ぐい飲み		酒器
INOUE		ウォッチワインダーケース

2008　2009　2010　2011　2012　2013　2014　2015　2016　2017　(年)

図1.2　井上仏壇の異分野での製品開発（製品の販売順）

※当該図は筆者が作成。

第２章：「Black & Gold Collection」

　井上仏壇にとってはじめての異分野での製品開発が「B & G Collection」である。これは同店がはじめて創設したブランドであり，彦根仏壇の伝統技術を活用した高級インテリアシリーズである。このブランドでは，彦根仏壇の伝統技術のうち，彫刻を除く六職の技術が活用されている。なお，同ブランドを開発する際，明らかになった課題はのちに開発する「chanto」にいかされている。

第３章：「chanto」

　「B & G Collection」で明らかになった製品コンセプトやデザインといった課題を反映したのが「chanto」である。このブランドは，製品の開発段階から対外的に高い評価を受けており，現在にいたるまで井上仏壇の代名詞的なブランドになっている。この製品は「木と漆」を組み合わせたものであり，彦根仏壇の漆塗り[26]の技術を活用している点にその特徴がみられる。この製

品シリーズでは漆のなかでも厳密に調合された色漆が用いられており，その色づかいは国内外のメディアから高い評価を受けている。

第4章：冷酒カップ

　「chanto」とほぼ同時期に開発を進めていたのが，冷酒カップである。この製品は井上仏壇が滋賀県の伝統工芸のブランド化という目的ではじまったマザーレイクプロジェクトに参加し，開発したものである。この製品は「chanto」とは異なる製品ではあるものの，彦根仏壇の漆塗りの技術を活用しており，木地に色漆が用いられているという点は共通している。ただし，色漆については「chanto」や後述するぐい飲みとは異なり，漆の精製過程で油を入れない「艶無し」という加工が施されている。

第5章：ぐい飲み

　この製品は，井上仏壇が滋賀県内の酒造業者である愛知酒造㈲（以下，愛知酒造）と共働し，コラボレーション製品として開発したものである。この製品も「chanto」や冷酒カップと同様，「木と漆」を組み合わせたものである。井上は，同じ滋賀県で活動している愛知酒造とコラボレーションするにあたり，「井伊の赤備え」にちなんで朱漆を用いることを決定した。なお，製品には艶有りの漆が塗装されており，日本酒が輝くようにみえるといった工夫が施されている。

第6章：「INOUE」

　このブランドは当初，海外の富裕層をターゲットに想定して開発が進められていた。そのため，「INOUE」は高級ブランドという位置づけであり，製品には彦根仏壇の伝統技術が複数，場合によってはそのすべてが活用されている。このブランドを創設するようになったきっかけは，井上の「chanto」を超えるブランドを手掛けてみたい，という思いによるものである。現時点で，このブランドは5種類の製品がラインナップされており，価格は数十万

～数千万円に設定されているため，全体としては高級インテリアに分類される製品シリーズである。現在，製品のターゲットは海外だけでなく，国内の富裕層も対象にしている。

　終章では，本章で提示した研究視座に沿って，第2～6章の内容をまとめ，今後の課題について述べる。

注

1）本書では，井上仏壇の異分野での製品開発について論じているが，そこでの区分として「分野」，「カテゴリー」という用語を用いている。そのため，最初に本書におけるこれらの用語の使用法について述べる。分野とは，主にブランドレベルで区別するための用語である。本書では，「B & G Collection」，「chanto」，冷酒カップ，ぐい飲み，「INOUE」の区別を意味する用語である。カテゴリーとは分野内における製品の種類を区別する用語である。たとえば「B & G Collection」では花器，壁掛け，収納箱，テーブル／ラック，照明といったものの区別を意味する用語である。

2）上野輝将ほか6人（2015:544-5）。

3）井上仏壇HP「ホーム｜当店の褒賞歴」（http://www.inouebutudan.com/，2018年2月15日閲覧）。

4）ぐい飲みは，井上仏壇と同じ滋賀県で活動する愛知酒造とのコラボレーション製品であり，本書ではそのチラシに記載されている「ぐい飲み」という表記に従って記述している。

5）インタビューとは「調査者が調査対象となっている人々に会い，調べたいことについて質問を投げかけその回答を得るという，双方向的なコミュニケーションの流れの中で情報を集めていく調査手法」のことである（若林，2001:131）。

6）質的調査とは「少数の事例についての観察あるいは対象者との会話，さらに記述された文章などから，数量的に把握できないデータ（文字，映像，音など）を集め，分析する社会調査」のことである（清水，2010:53）。

7）このときは，井上仏壇の製品開発に関する活動（仏壇・仏具／それ以外）と社会貢献・その他の活動について調査を実施していた。

8）井上仏壇の異分野での製品開発は新聞や雑誌，テレビなどの各種メディアに

数多く取り上げられている。

9) 質的データとは「数量化できない意味や考え方に関わるデータ」のことである（若林, 2001:37）。

10) 半構造化面接法とは「ある程度質問は決まっているが, 状況に応じて質問を変更したり追加したりして, 目標とするデータを収集する方法」のことである（篠原, 2010:131）。

11) 一部のインタビュー調査については, 新型コロナウィルスの影響を鑑み, リモートで実施した。

12) これは「栄光（eco）仏壇」のことである。

13) これは「金紙仏壇（梅花）」のことである。

14) イノベーションの研究の泰斗であるシュンペーターは, イノベーションを「5つの新結合」という概念で説明している（Schumpeter, 1926 = 1977）。

15) 延岡（2006:150）。

16) 米倉・青島（2001: 5）。

17) 安田・玉田（2015: 2）。

18) 延岡は「イノベーションにも革新性の程度や種類によって様々なものがある」と述べている（延岡, 2002:36）。

19) 山本（2014:176）。ただし, 前節で述べたように, 本研究では利益（率）に関して「幅広い意味での自社への貢献」という意味でもとらえている。

20) 山本（2014:176）。

21) 山本（2014:177-8）。

22) 山本（2014:177）。

23) 山本（2014:177）。

24) 廣瀬（2006:212）。また, 廣瀬はニッチ市場について「消費者ニーズが高度化し, 画一的な大量市場を前提とする大量生産・大量販売による企業成長の限界が明らかになるにつれ, 重視されるようになった」としている（廣瀬, 2006:212）。

25) 山本（2014:178）。

26) 本書では, 塗装を彦根仏壇の伝統技術の1つととらえている。これは, 技術面でいえば漆塗りやそのほか（カシュー, ウレタンなど）の技術を指すものである。ただし,「chanto」, 冷酒カップ, ぐい飲みでは漆塗りの技術のみを用いているため, これらの部分については「伝統技術＝漆塗り」ととらえ, 表記している。ここで, 本書における漆の調合から乾燥までの工程の前提と

なる事柄について確認しておく。本書における黒漆と朱漆はすべて漆屋が調合し，漆塗師は塗装と乾燥を担当する。これに対し，少量の色漆を調合するときや，漆塗師が新たな色漆を開発するときには漆塗師が調合，塗装，乾燥を担当している（2020年3月12日，井上仏壇代表井上昌一へのインタビューによる〔120分，「本書における漆の調合から乾燥までの工程の前提となる事柄について」ほか〕）。なお，本来，黒漆は色漆には含まれないが，本書では便宜上，色漆ととらえている。

参考文献

上野輝将ほか6人，2015，『新修 彦根市史 第4巻 通史編 現代』彦根市。

大橋松貴，2019，『伝統産業の製品開発戦略——滋賀県彦根市・井上仏壇店の事例研究——』サンライズ出版。

篠原清夫，2010，「調査の実施方法②：インタビューの仕方」篠原清夫・清水強志・榎本環・大矢根淳編『社会調査の基礎——社会調査士A・B・C・D科目対応』弘文堂，pp.130-5。

清水強志，2010，「量的調査と質的調査／統計的研究と事例研究」篠原清夫・清水強志・榎本環・大矢根淳編『社会調査の基礎——社会調査士A・B・C・D科目対応』弘文堂，pp.52-7。

Shumpeter, J.A., 1926, *Theorie Der Wirtschaftlichen Entwicklung*, Duncker & Humblot（＝1977，塩野谷祐一・中山伊知郎・東畑精一訳『経済発展の理論（上）』〔岩波文庫〕岩波書店）.

延岡健太郎，2002，『製品開発の知識』日本経済新聞出版社。

————，2006，『MOT［技術経営］入門』日本経済新聞出版社。

廣瀬幹好，2006，「ニッチ市場〔niche market〕」吉田和夫・大橋昭一編著『基本経営学用語辞典〔四訂版〕』同文館出版，pp.211-2。

安田聡子・玉田俊平太，2015，「イノベーションと社会」土井教之＋宮田由紀夫編著『イノベーション論入門』中央経済社，pp.1-22。

山本公平，2014，「研究開発力不足と製品開発マネジメント」井上善海・木村弘・瀬戸正則編著，大杉奉代・森宗一・遠藤真紀・山本公平・中井透著『中小企業経営入門』中央経済社，pp.166-79。

米倉誠一郎・青島矢一，2001，「イノベーション研究の全体像」一橋大学イノベーション研究センター編『知識とイノベーション』東洋経済新報社，pp.1-23。

若林直樹, 2001,「インタビュー」田尾雅夫・若林直樹［編］『組織調査ガイドブック　調査党宣言』有斐閣, pp.131-42。

第 2 章

井上仏壇のはじめての異分野での製品開発
——「Black & Gold Collection」

2009年ニューヨーク国際現代家具見本市 (ICFF) でのブース展示

1. はじめに

　本章では，井上仏壇の「B & G Collection」に関する製品開発についてみ
ていく。同ブランドは2009年に創設され，井上仏壇にとってはじめてのオリ
ジナルブランドである。同店はこのブランドの創設をきっかけに，「chanto」
や冷酒カップ，ぐい飲み，「INOUE」といったさまざまな製品を積極的に開
発していった。ここでは井上仏壇の異分野での製品開発のきっかけとなった
「B & G Collection」について，その一連の活動（以下，プロジェクト）や製
品開発について概観する。前者についてはプロジェクトの全体像や販売まで
のあゆみについてみていく。後者については「B & G Collection」にラインナッ
プされている製品の概要や彦根仏壇との関係性，製品の特徴と課題について
みていく。

　以下，本章の構成について述べる。第2節では，プロジェクトの概要（プ
ロジェクトの全体像，販売までのあゆみ）について確認する。第3節では，
製品特性（製品概要，彦根仏壇との関係性，製品の特徴と課題）について確
認する。第4節では，本章のまとめについて述べる。

2. 「Black & Gold Collection」 プロジェクトの概要

　本節では，プロジェクトの概要についてみていく[1]。具体的にはプロジェ
クトの全体像や「B & G Collection」の販売までのあゆみについて確認する。

2.1 「Black & Gold Collection」プロジェクトの全体像
　ここでは，プロジェクトの全体像について確認する。図2.1はプロジェク
トの全体像を示したものである。具体的には井上仏壇と関連するアクターを
大きく製品開発（製造・デザイン）と間接的支援（展示会・Web関係）に分類し，

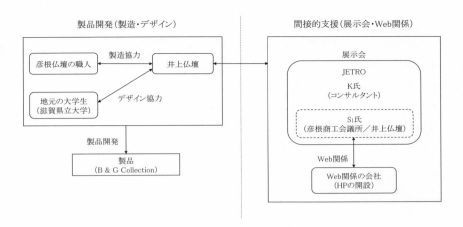

製品開発(製造・デザイン)　　　　　　　　　間接的支援(展示会・Web関係)

図2.1　「Black & Gold Collection」プロジェクトの全体像

注)Sₗ氏は2009年3月まで彦根商工会議所,同年4月から井上仏壇に勤務していたため,ここで
　　は両者を表記している。
※当該図は井上仏壇へのインタビューをもとに筆者が作成。

それぞれのアクターの活動について同店との関係を踏まえつつ概観する。

［彦根仏壇の職人］

　井上は,「B & G Collection」を彦根仏壇の伝統技術を活用したものにす
るため,製造をそれまで付き合いのある彦根仏壇の職人に依頼した。出展す
る展示会の関係上,短期間で製品を開発しなければならなかったが,職人た
ちは井上の依頼を引き受けることになる。その理由としては(1)井上仏壇と
は長年にわたる付き合いがあり,信頼関係が醸成されていたこと,(2)当時
から彦根仏壇の需要は減少傾向にあり,職人たちも新たな製品開発を行う必
要性を感じていたことなどがある。なお,このときは工部七職のうち彫刻を
除く六職の職人が作業に携わっていた。

［地元の大学生／井上仏壇］

　井上は,「B & G Collection」を開発するにあたり,製品のデザインをど

のように創造すればよいのか掴みきれていなかった。一般的に仏壇業界は保守的であるため，外部のデザイナーを活用することは少ない。しかしながら，井上は異分野での製品を開発するには仏壇業界以外の人間の発想が必要と考え，デザインを専攻する地元の大学生（滋賀県立大学）をプロジェクトに引き入れた。また，井上仏壇もブランド全体のデザイン・コンセプトや各製品のデザインを手がけており，ブランド・デザインは両者が協力しあってつくられていった。

[間接的支援（JETRO／K氏（コンサルタント）／S₁氏／Web関係の会社）]
　井上仏壇が展示会へ出展する際，支援したのがJETRO（日本貿易振興機構），コンサルタント業務を営むK氏，そして当時彦根商工会議所（のち，井上仏壇）に勤務していたS₁氏である。

　JETROは展示会の期間中，参加企業に対しさまざまなサポートを提供していた。具体的には，JETROの職員や現地の専門家によるアドバイス，補助金や製品開発に関する有益な情報の提供などである。井上仏壇もこれらのサポートをうまく活用し，「B & G Collection」の課題をみつけ，のちの「chanto」の製品開発にいかしていった。

　K氏は井上に彦根仏壇の伝統技術を活用した製品開発を勧めた人物である。K氏はもともと日本の伝統工芸に強い関心を抱いており，井上に頼んで彦根仏壇の職人工房を見学するなどしていた。なお，K氏は井上仏壇の事業規模を考慮し，プロジェクトに関わる自身の費用についてはすべて自費で賄っていた。

　S₁氏は，当時彦根商工会議所に勤めていた職員である。S₁氏と井上は高校時代の同級生であり，友人関係である。S₁氏は井上が製品開発に専念できるようにと展示会の出展に関する事務的作業，HPに掲載するコンテンツの作成などの業務を担当した。なお，HPの作成については2009年4月にWeb関係の会社に外注し，5月に開設（英語版のみ）している[2]。

2.2 「Black & Gold Collection」の販売までのあゆみ

　ここでは，「B & G Collection」の販売までのあゆみについて確認する。表2.1は，同ブランドの販売までのあゆみを示したものである。

表2.1　「Black & Gold Collection」の販売までのあゆみ

年	月（時期）	主な出来事
2008年	春ごろ	井上の友人であるS₁氏（当時，彦根商工会議所の職員）がコンサルタント業を営むK氏に彦根商工会議所のセミナー講師を依頼
	夏ごろ	井上がセミナーに参加，K氏と出会う 井上がK氏に彦根仏壇の職人工房を案内する（同年末まで）
	秋ごろ	K氏から彦根仏壇の伝統技術を活用した製品開発を勧められる
2009年	1月	K氏からニューヨーク国際現代家具見本市（ICFF）への出展を打診される 「B & G Collection」の製品開発を開始
	2月	地元の大学生（滋賀県立大学：1名）に製品デザインを依頼
	5月	「B & G Collection」のHPを開設 井上仏壇のHP内：英語に対応 ニューヨーク国際現代家具見本市（ICFF）に出展 「B & G Collection」の販売を正式に開始

注）HP の開設時期は出展の直前である。
※当該表は井上仏壇へのインタビューをもとに筆者が作成。

　「B & G Collection」は，井上と当時彦根商工会議所でセミナー講師をしていたK氏との出会いをきっかけに誕生した[3]。このとき，K氏は井上の友人であるS₁氏から依頼されて講師を務めていた。井上はS₁氏から勧められてセミナーに参加していたが，伝統工芸に興味を持っていたK氏と話をするにつれ，次第に彦根仏壇の伝統技術を活用したものづくりを行いたいと思うようになっていく。K氏も彦根仏壇に興味を抱き，井上に頼んで職人工房を見学していた。何度か工房を見学したのち，K氏は井上に彦根仏壇の伝統技術を活用した製品開発を勧めるようになる。このとき，K氏は井上に海外市場に打って出られるような製品開発を行うことが重要であるとアドバイスした。

これは海外市場でも通用するような製品を開発できれば，より大きな商機を見出せるためである。井上自身も今後，仏壇だけでは自社の経営は厳しくなるとの思いを抱いていたため，少しずつ製品開発に向けた準備を進めていく。

　この動きが加速していくのは翌年の2009年に入ってからである。同年の1月ごろに井上はK氏からニューヨーク国際現代家具見本市（以下，ICFF）への出展を打診される。井上はこの展示会への出展を決意し，開催までの数ヵ月の間に製品開発を一気に進めていく。展示会へ出展するにあたり，井上はプロジェクトチームを結成した。井上は仏壇業界以外の人間の発想を製品開発に取り入れようと地元の大学生（滋賀県立大学）にもプロジェクトチームへの参加を呼びかけた。また，海外の展示会への出展ということで英語に対応したHPを開設し，情報発信にも気を配った。

　このような活動を短期間で一気に進め，井上仏壇は2009年5月にICFFに出展し，そこから「B & G Collection」の正式販売が開始された。

3. 「Black & Gold Collection」の製品特性

　本節では，「B & G Collection」の製品特性についてみていく。具体的には同ブランドの製品概要や彦根仏壇との関係性，製品の特徴と課題について確認する。

3.1 「Black & Gold Collection」の製品概要

　ここでは，「B & G Collection」の製品概要についてカテゴリー別（花器，壁掛け，テーブル／ラック，収納箱，照明）に確認する[4]。表2.2は同ブランドの位置づけを彦根仏壇の伝統技術の数とそのレベル[5]の側面から示したものである。

表2.2 「Black & Gold Collection」の位置づけ（カテゴリー別）

カテゴリー	伝統技術の数	技術レベル
花器	4	中
壁掛け	4	中
テーブル／ラック	2	中
収納箱	4	中
照明	3	高

注）伝統技術の数については製造に関わった職人の職種にもとづき，各カテゴリーの製品にカウントされているものすべてをカウントしている。
※当該表は井上仏壇へのインタビューをもとに筆者が作成。

　この表から，「B & G Collection」は全体としては高級インテリアというブランド・コンセプトであるものの，カテゴリーによってそれぞれの位置づけには多少のばらつきがみられる。それぞれのカテゴリーにおける彦根仏壇の伝統技術の数は2〜4つ程度であり，多少の違いがみられる。さらに，各カテゴリーに活用している技術をレベル別（活用の難易度別）にみてみると花器や壁掛け，テーブル／ラック，収納箱は「中」であるのに対し，照明は「高」と明確な差がみられる。次に，それぞれのカテゴリーについて概観する。

［花器］

　この製品は，もともと井上隆代（井上仏壇取締役）が1995年ごろに知り合いの華道の講師から花器を依頼されて開発したものである。初期の製品は大型の三角形の形状であり，木地や塗装，蒔絵，金箔押しといった彦根仏壇の伝統技術が活用されていた。その後，井上仏壇は試作品として開発を進

花器

め，製品そのものは2007〜8年に完成している[6]。井上は，このとき完成した花器を「B & G Collection」に加え，ICFFに出品することを決定した。なお，井上は花器の製品化を進めるにあたり，大きさや模様などを改善している。

［壁掛け］

　この製品は大きく２種類あり，１
つは１枚の大きなもの，もう１つは
細長い短冊形で３〜４枚で１つの柄
になるものである。前者（一部）は
地元の大学生（滋賀県立大学）がデ
ザインを手がけており，動物をモ
チーフにした下絵をもとに製品化し
たものである[7]。井上は学生に製品

壁掛け

デザインを自由に描くことを勧めた。これは，井上自身が製品デザインには
仏壇業界に身をおいていない人間の発想をいかすことが大切であるとの考え
を抱いていたためである。後者は井上仏壇がデザインを手がけ，製品化した
ものである。井上は外国人向けのデザインをつくるにあたり，金を用いるこ
とが重要であると考えていた。そのため，後者は金箔を用いたものと蒔絵（金
色）を用いたものの２つのパターンが存在している[8]。

［テーブル／ラック］

　「B & G Collection」のテーブルにはネスト
テーブルがある。ネストテーブルとは入れ子構
造のテーブルであり，同ブランドでは３点１組
の入れ子構造のテーブルが製造されている。こ
の製品のデザインは井上隆代が手がけており，
ICFFで最も注目された製品である[9]。また，
ラックにはパズルラックがある。パズルラック
とは四角形のラックではなく，パズル上のラッ
クであり，所有者の好きなように組み合わせる
ことができるものである。

ネストテーブル

［収納箱］

　この製品は仏壇の４杯引き出し
（経本をいれる引き出し）をヒント
に開発された。製品の引き出しは５
杯であり，収納スペースはＡ４サイ
ズの大きさになっている[10]。この製
品の特徴はつまみ金具にある。この
金具は井上仏壇と長年にわたり付き
合いのある錺金具師が彦根仏壇の障

収納箱

子のつまみ金具の伝統技術を活用し，遊び心でつくったものである。そのた
め，製品には星やひょうたんなどさまざまな形の金具が取りつけられている
[11]。なお，デザインには日本の家紋を採用し[12]，蒔絵の技術で描かれている。

［照明］

　この製品は，井上仏壇と付き合いの長い錺金具
職人が遊び心でつくった灯篭のようなものが原型
である。この職人は，以前から井上に彦根仏壇の
柱にこの原型を取り入れることを提案していた。
そのとき井上は，この原型を彦根仏壇に直接取り
入れるのは難しいと思う一方で，別の製品として
の可能性を感じていた。そのため，井上は「Ｂ＆
Ｇ Collection」を立ち上げる際にこの原型を改善し，
新たな製品としてラインナップに加えたのである。
改善のアイディアは井上自身であり，使用する木

照明器具

材を竹のような外観に加工，木材の中を空洞にし，そこにLEDを挿入している。
この製品の特徴は柱に打ち付ける金具にある。この金具には透かし加工が施
されており，その加工には非常に手間暇がかかる[13]。なお，この作業は以前，
井上仏壇にインターンシップで学生として来ていた錺金具師が手がけている。

3.2 「Black & Gold Collection」と彦根仏壇との関係性

　ここでは，「B & G Collection」に活用されている彦根仏壇の伝統技術について確認する[14]。表2.3は同ブランドの特徴と彦根仏壇の伝統技術との関係性をカテゴリー別に示したものである。

表2.3　「Black & Gold Collection」の特徴と彦根仏壇の伝統技術との関係性（カテゴリー別）

カテゴリー	価格帯	製造期間（週）	伝統技術				
			木地／宮殿	塗装	金箔押し	鋄金具	蒔絵
花器	D	6〜8	○	○	○		○
壁掛け	B〜C	6〜8	○	○	○		○（含彩色）
テーブルラック	B〜C	6		○			○
収納箱	B	8	○	○		○（含メッキ）	○
照明	A	10	○	○		○（含メッキ）	

注１）　価格帯については，ブランドのコンセプトを参考に５万円未満を「Ｄ」，５万円以上10万円未満を「Ｃ」，10万円以上20万円未満を「Ｂ」，20万円以上を「Ａ」と表記している。
注２）　当該表における製造期間の数値はすべて大まかなものであり，あくまで目安である点には注意が必要である。
注３）　伝統技術における各セルは該当するものすべてを記載している。
注４）　伝統技術の種類については製造に関わった職人の職種にもとづいて記載している。
注５）　壁掛けの一部の製品には蒔絵ではなく，彩色の技法が用いられている。
注６）　テーブルとラックについては，木地が既製品のため，彦根仏壇の伝統技術は活用されていない。
注７）　収納箱と照明の鋄金具の工程については，メッキ加工も含まれている。
注８）　「B & G Collection」は製造期間の都合上，予備日は設けられていない。
※当該表は井上仏壇へのインタビューをもとに筆者が作成。

［木地／宮殿］
　木地では，彦根仏壇に用いる木材（紅松）や合板を使用している。これらの材料を用いた理由は塗りや削りなどの加工がしやすく，短期間で製品を開発しなければならないという条件に適しているためである[15]。なお，製造については収納箱を木地師，花器，壁掛け，照明を宮殿師が担当している。

［塗装］

　塗装については，基本的には彦根仏壇の伝統技術をそのまま活用しているが，すべてのカテゴリーでカシュー吹き加工がされている点にその特徴がみられる。つまり，「B & G Collection」では漆塗りはされていない。これは，漆塗りを行うとカシュー吹きの場合と比べ，製造期間やコストが3〜4倍程度かかるためである。そのため，井上は「B & G Collection」を開発するにあたり，最初から塗装工程はすべてカシュー吹きで行うことを決めていた。なお，この工程は急いでしまうと品質に大きな影響を与えてしまうため，「B & G Collection」のなかでも最も手間暇やコストがかかる工程である。

［金箔押し］

　「B & G Collection」のなかで，金箔押しの技術が開発されているのは花器の「ANDON」，「FLOWER BASKET」，壁掛けの「THE FOUR SEASONS」のみである。ここでは断ち切り金箔を用いて金箔押しを行っており，彦根仏壇の伝統技術をそのまま活用している。

［錺金具］

　錺金具の技術は，収納箱と照明に活用されている。収納箱については，引き出しのつまみに錺金具の技術を活用した金具が取り付けられている。前述したように，この金具はもともと錺金具師が遊び心でつくったものであるため，それらすべてが異なる形をしている。この工程については，彦根仏壇の伝統技術の活用というよりは彦根仏壇の職人（錺金具師）が個人的に試作したという意味合いが強い。また，照明については彦根仏壇に用いられている透かしの技術をそのまま活用している。

［蒔絵］

　蒔絵の技術は，照明以外のすべてのカテゴリーで活用されている。蒔絵に

ついては，彦根仏壇の場合と同じ工程であり，蒔絵筆を用いて図柄を描き，漆が乾く直前に金粉を蒔くことで模様をつけている。また，壁掛けの一部の製品では蒔絵ではなく，彩色という技法[16]が用いられている。この技法は直接色絵具を用いて模様を描くため，濃淡を表現しやすいという特徴がある。

3.3 「Black & Gold Collection」の特徴と課題

ここでは，「B & G Collection」の特徴と課題について述べる。同ブランドは，もともと彦根仏壇の伝統技術を活用した新製品をつくるという前提のもと開発された。そのため，ブランド内の製品は彦根仏壇のイメージである漆の「黒」と金箔の「金」を色濃く反映したものになっている。ただし，製品開発は開発する製品に適した技術を選択するというスタンスで進められていった。そのため，「B & G Collection」では工部七職の技術がすべて使われているわけではない。

このようなスタンスで開発した「B & G Collection」であるが，ICFFではブランドとしては高い評価を受けたものの，一般受けしにくいという課題も残った。これは彦根仏壇の伝統技術を活用するという前提から開発がはじまっているため，和の印象が強い製品になってしまったということ[17]や，製品コンセプトやデザインの詰めが甘かった[18]ためである。ただし，これらの点は井上仏壇にとって「B & G Collection」がはじめての異分野での製品開発であったことや開発期間が数ヵ月と短かったことなどを考慮すると，ブランドとしては高い評価を受けていることなどから一定の成果を収めているといえる。

4. おわりに

本章では，井上仏壇の「B & G Collection」に関する製品開発について概観した。最初に，プロジェクトの概要（プロジェクトの全体像，販売までの

あゆみ）について確認した。次に，同ブランドの製品特性（製品概要，彦根仏壇との関係性，製品の特徴と課題）について確認した。

「B & G Collection」は井上仏壇にとってはじめて創設したブランドである。このプロジェクトは，当初から綿密に企画され進められていたわけではない。同店代表の井上はこのままでは本業の仏壇事業だけでは厳しくなるという思いを抱いていたことや，彦根商工会議所で出会ったK氏が井上に新たなブランド展開を勧めるようアドバイスし，積極的に協力したこと，職人たちも前向きにプロジェクトに参加してくれたことなどの要因により「B & G Collection」は誕生したのである。

このようにして誕生した「B & G Collection」であるが，井上仏壇はICFFにおいてブランドとしては高い評価を受けたものの，製品コンセプトやデザインという課題も見出すことになった。このブランドは井上仏壇にとっていわば試作品的な意味合いをもつものであり，井上は「B & G Collection」自体の評価よりもそこで見出された課題を今後の製品開発にどのようにいかしていくのかという点を重視していた。

これらのことから，井上仏壇がこのプロジェクトから得た課題は製品コンセプトやデザインを洗練させ，一般受けするような製品を開発することであるといえる。

注

1 ）本節における記述は2019年 1 月24日，井上昌一（井上仏壇代表）へのインタビューをもとにしたものである（90分，「『B & G Collection』プロジェクトの概要について」ほか）。
2 ）なお，このHPは現在ではその役目を終えたとして2017年10月に閉鎖されている。
3 ）この出会いをきっかけに「B & G Collection」は誕生したが，このブランドはのちの「chanto」の誕生につながっているため，広義的にとらえると「chanto」誕生のきっかけでもある点には注意が必要である。
4 ）ここでの記述は2019年 2 月 1 日，井上昌一（井上仏壇代表）へのインタビューをもとにしたものである（120分，「『B & G Collection』の製品概要について」

ほか）。

5）ここで提示している彦根仏壇の伝統技術に関する技術レベルは，井上仏壇の基準によるものである点には注意が必要である。

6）このころ，井上仏壇は花器を彦根仏壇の展示会（開催地：東京）などに出展していた。また，この製品には中に取り外しが可能な銅板の落とし（＝中筒）が装着されている（2019年2月1日，井上仏壇代表井上昌一へのインタビューによる〔120分，「開発初期の花器に関する活動について」ほか〕）。

7）学生が手がけた製品は「ZEBRA」であり，もう1つの「POPPY」は井上隆代（井上仏壇取締役）がデザインを手がけている。そのため，本文ではカッコつきで「一部」と表記している。また，「ZEBRA」の下絵（実寸，紙ベース）は数週間程度で完成しており，職人（蒔絵師）はその図面をもとに絵を描いている（2019年2月1日，井上仏壇代表井上昌一へのインタビューによる〔120分，「壁掛けの開発について」ほか〕）。

8）井上はこれらの製品の製造は技術的にはそれほど難しいものではなかったと述べている（2019年2月1日，井上仏壇代表井上昌一へのインタビューによる〔120分，「壁掛けの製造について」ほか〕）。なお，絵柄やサイズは変更が可能である。

9）実際にICFFでは，参加者からテーブルのすべての面に金箔を貼り，壁掛けのような絵（＝THE FOUR SEASONS）を描いて欲しいという見積もり依頼があったという（2019年2月1日，井上仏壇代表井上昌一へのインタビューによる〔120分，「ICFFの参加者からのネストテーブルの依頼について」ほか〕）。

10）収納箱の収納スペースについて，井上は「展示会で気づいたことだが，アメリカではレターサイズが基準なのでその点は改善しなければならなかった」と述べている（2019年2月1日，井上仏壇代表井上昌一へのインタビューによる〔120分，「ICFFでの収納箱の収納スペースの気づきについて」ほか〕）。

11）収納箱につけられているつまみ金具はすべて異なっているが，これには参加者に彦根仏壇の錺金具の技術をアピールするという狙いがあった（2019年2月1日，井上仏壇代表井上昌一へのインタビューによる〔120分，「収納箱のつまみ金具のねらいについて」ほか〕）。

12）このとき，井上は海外の人に受け入れてもらえるようなものを紋帳（家紋集）を見ながら決めていった（2019年2月1日，井上仏壇代表井上昌一へのインタビューによる〔120分，「収納箱のデザインについて」ほか〕）。

13）具体的には，金具にドリルで穴を開け，糸のこぎりで図柄通りに抜いていく

という工程である。井上は，この工程を「金具の切り絵のようなもの」と表現している（2019年2月1日，井上仏壇代表井上昌一へのインタビューによる〔120分，「照明の金具の透かし加工について」ほか〕）。

14）ここでの記述は2019年2月1日，2月8日，2月27日，井上昌一（井上仏壇代表）へのインタビューをもとにしたものである（120分〔2月1日〕，60分〔2月8日〕，45分〔2月27日〕，「『B & G Collection』に活用されている彦根仏壇の伝統技術について」ほか）。

15）紅松には柔らかく，加工しやすいという利点がある。また，合板には割れたり反ったりしにくいという利点がある（2019年2月27日，井上仏壇代表井上昌一へのインタビューによる〔45分，「紅松と合板の利点について」ほか〕）。

16）彩色とは，もともと岩絵の具を膠で溶いて絵を描く技法であるが，近年では岩絵の具のかわりにアクリル絵の具を用いて直接描くようになってきている（2019年2月1日，井上仏壇代表井上昌一へのインタビューによる〔120分，「彩色という技法について」ほか〕）。

17）この点について，井上は「製品コンセプトは『和』だったが，アメリカではこちらの予想以上にそのイメージを強く持たれた」と述べている（2019年2月27日，井上仏壇代表井上昌一へのインタビューによる〔45分，「『B & G Collection』の製品コンセプトに対するICFF参加者の反応について」ほか〕）。

18）この点について，井上は「（『B & G Collection』は）すぐにつくらなければならなかったので，製品コンセプトやデザインの詰めが甘い部分があった。今後はもっと突き詰めて外部のデザイナーを招聘する必要性を感じた」と述べている（2019年2月27日，井上仏壇代表井上昌一へのインタビューによる〔45分，「『B & G Collection』の製品コンセプトやデザインの課題について」ほか〕）。

補足1. 「Black & Gold Collection」の製造工程

　第2章では，井上仏壇が最初に創設したブランドである「B & G Collection」について概観した。ここでは，第2章では取り上げていない同ブランドの製造工程について概説する[1)]。図補2.1は「B & G Collection」の製造工程をカテゴリー別に示したものである。

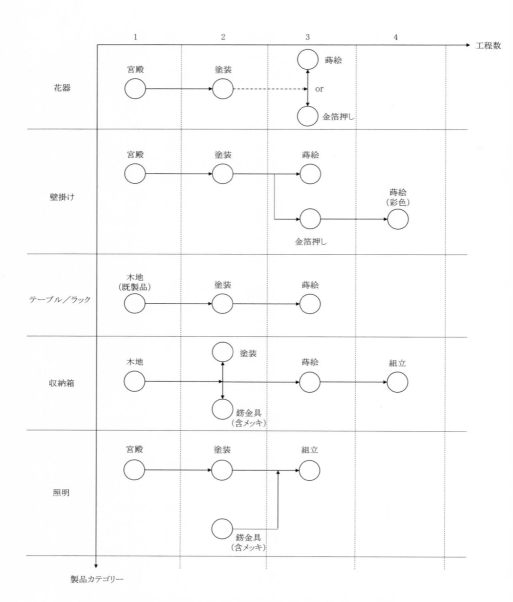

図補2.1 「Black & Gold Collection」の製造工程（カテゴリー別）
※当該図は井上仏壇へのインタビューをもとに筆者が作成。

［花器］

　花器は，２工程で完成するものと３工程で完成するものがある。前者は宮殿（２週間），塗装（４週間），後者は宮殿（２週間），塗装（４週間），蒔絵／金箔押し（２週間／１週間）の順で製造されている。

［壁掛け］

　壁掛けは，３工程で完成するものと４工程で完成するものがある。前者は宮殿（１週間），塗装（３週間），蒔絵（２週間），後者は宮殿（１週間），塗装（３週間），金箔押し（２週間），蒔絵（彩色：２週間）の順で製造されている。

［テーブル／ラック］

　テーブル，ラックは製造工程が同じであり，木地（既製品：製造期間なし），塗装（４週間），蒔絵（２週間）の順で製造されている。これらの製品は「B & G Collection」のほかのカテゴリーに比べ，製造期間は短い。

［収納箱］

　収納箱は，「B & G Collection」のなかで最も製造工程が多いカテゴリーである。このカテゴリーの製品は木地（２週間），塗装・錺金具[2]（４週間），蒔絵（２週間），組立（１日）の順で製造されている。なお，このカテゴリーでは塗装と錺金具の工程が同時に進められる。

［照明］

　照明は，宮殿（２週間），塗装・錺金具（４週間・７週間），組立（１週間）の順で製造されている。この製品も収納箱と同様に塗装と錺金具の工程が同時に進められる。製品の特徴は透かしの技術を活用した金具にある。彦根仏壇においても透かし加工の金具は用いられるが，非常に手間暇がかかるため，ワンポイントで活用されることが多く，そのような金具はそれほど用いられ

るわけではない。それに対し，この製品では彦根仏壇に用いられている透かし加工の金具の3〜4倍程度の大きさのものを使用している。

注

1）ここでの記述は2019年2月8日，井上昌一（井上仏壇代表）へのインタビューをもとにしたものである（60分，「カテゴリー別にみた『B & G Collection』の製造工程について」ほか）。また，ここでのカテゴリーごとにおける各工程の製造期間はすべて大まかなものであり，あくまで目安である点には注意が必要である。
2）錺金具の工程にはメッキ加工の工程も含まれている。なお，メッキ加工の技術は照明についても同様に活用されている。

補足2. 「Black & Gold Collection」の特徴と彦根仏壇の伝統技術との関係性（製品別）

　　ここでは，第2章の表2.3で取り上げた内容について，製品別にまとめたものを示しておく。

表補2.1　「Black & Gold Collection」の特徴と彦根仏壇の伝統技術との関係性（製品別）

カテゴリー	製品名	価格帯	製造期間（週）	伝統技術				
				木地／宮殿	塗装	金箔押し	錺金具	蒔絵
花器	POLKA DOTS	D	8	○	○			○
	CURREENT	D	8	○	○			○
	ANDON	D	7	○	○	○		
	TOWER VERMILION	D	6	○	○			
	TOWER BLACK	D	6	○	○			
	FLOWER BASKET[1]	D	7	○	○	○		

壁掛け	ZEBRA	D	6	○	○			○
	POPPY	C	6	○	○			○
	SIGHTS OF KYOTO	B	6	○	○			○
	OBI	C	6	○	○			○
	THE FOUR SEASONS	B	8	○	○	○		○ (彩色)
	BUSH WARBLER ON THE PLUM THREE	B	8	○	○	○		○ (彩色)
テーブル ラック	TABLE POPPY	B	6		○			○
	PUZZLE RACK	C	6		○			○
収納箱	KAMON	B	8	○	○		○ (含メッキ)	○
	MARGUERITE	B	8	○	○		○ (含メッキ)	○
照明	BAMBOO LAMP	A	10	○	○		○ (含メッキ)	

注1） 価格帯については，ブランドのコンセプトを参考に5万円未満を「D」，5万円以上10万円未満を「C」，10万円以上20万円未満を「B」，20万円以上を「A」と表記している。

注2） 当該表における製造期間の数値はすべて大まかなものであり，あくまで目安である点には注意が必要である。

注3） 伝統技術における各セルは該当するものすべてを記載している。

注4） 伝統技術の種類については製造に関わった職人の職種にもとづいて記載している。

注5） 「FLOWER BASKET」のLサイズのみ価格帯は「C」である。

注6） 「THE FOUR SEASONS」，「BUSH WARBLER ON THE PLUM THREE」は彩色の技法で描かれている。

注7） 「TABLE POPPY」，「PUZZLE RACK」の木地は既製品を外注しているため，木地師は関わっておらず，彦根仏壇の木地の技術は活用されていない。

注8） 「B & G Collection」は製造期間の都合上，予備日は設けられていない。

注9） 「B & G Collection」の製造期間には，組立の工程も含まれている。

※当該表は井上仏壇へのインタビューをもとに筆者が作成。

彦根仏壇からカフェ用品の開発へ
——「chanto」

「chanto」の製品

1. はじめに

　本章では，井上仏壇の「chanto」に関する製品開発についてみていく。同ブランドは，第2章で取り上げた「B & G Collection」で明らかになった製品コンセプトやデザインといった課題を反映し，開発された。同店は「chanto」を開発するにあたり，プロダクトデザインを専門とするデザイナーを招聘することで，製品コンセプトやデザインの洗練化を実現させている。このブランドは「木と漆」を組み合わせたカフェ用品シリーズであり，彦根仏壇の漆塗りの技術を活用している。ここでは「chanto」を取り上げるにあたり，同ブランドに関する一連の活動（以下，プロジェクト）や製品特性について概観する。前者についてはプロジェクトの全体像や「chanto」の販売までのあゆみについてみていく。後者については製品概要や製造工程，製品の強みと課題についてみていく。

　以下，本章の構成について述べる。第2節では，プロジェクトの概要（プロジェクトの全体像，販売までのあゆみ）について確認する。第3節では，製品特性（製品概要，製造工程，製品の特徴と課題）について確認する。第4節では，本章のまとめについて述べる。

2. 「chanto」プロジェクトの概要

　本節では，プロジェクトの概要についてみていく。具体的にはプロジェクトの全体像や「chanto」の販売までのあゆみについて確認する。

2.1 「chanto」プロジェクトの全体像

　ここでは，プロジェクトの全体像について確認する。図3.1はプロジェクトの全体像を示したものである。具体的には事業主体（含企画・立案）であ

る井上仏壇がどのような機関・組織と関わりながら製品開発を進めているのかについて概説する。

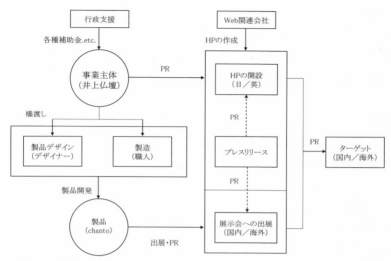

図3.1 「chanto」プロジェクトの全体像

注）プレスリリースについては製品のPRが一番の目的であり，HPや展示会のPRよりも優先度が高いため，ここでは点線で表記している。
※当該図は井上仏壇へのインタビューをもとに筆者が作成。

［行政支援］
　事業主体である井上仏壇はプロジェクトを開始するにあたり，補助金を申請している。これは，同店が「B & G Collection」において新製品の開発には多くのコストがかかることを経験しているためである。そのため，井上は行政支援を活用することでプロジェクトの一部の費用を賄うことを決定した。具体的には㈶滋賀県産業支援プラザや滋賀県からの支援を受け，プロジェクトは進められていった。

［製品開発（デザイン／製造）］
　井上は製品開発を進めるにあたり，「B & G Collection」で得られた教訓

をいかそうと考えていた。「B & G Collection」はブランドとしての評価は高いものであったが，一般受けしにくいという指摘も受けていたため，井上はこの点を改善し，製品開発を進めていく。その結果，井上は「chanto」の製品デザインをプロのデザイナーであるS2氏に依頼した。これにより，製品デザインをより多くの顧客に受け入れてもらえるようなものに改善することができた。また，井上は活用する彦根仏壇の伝統技術を漆塗り（色漆）に絞ることを決定，彦根仏壇の漆塗師のなかでも色漆の技術に定評のあるN氏に工程を依頼している。このように，井上はものづくりのプロと共働することで，シンプルで顧客に訴えやすい「おしゃれなカフェ用品」というコンセプトの製品を開発していった。

［Web関連会社（HPの開設／プレスリリース）］
　井上仏壇は「B & G Collection」のときと同様，HPを開設しており，情報発信にも気を配っている。「chanto」については，日本語と英語の2ヵ国語に対応したHPを開設している。また，プロジェクトではプレスリリースも配信している。このプレスリリースは，主に製品のPRを目的としたものである。なお，プレスリリースは報道機関用とWeb媒体用の2種類がある。

［展示会への出展（国内／海外）］
　井上仏壇は「chanto」を正式に販売するまでの間に，国内と海外それぞれの展示会に出展している。具体的に国内では「TOKYO DESIGNERS WEEK 2010 環境デザイン展（以下，「TDW 2010」）」（2010年10月29日〜11月3日，明治神宮外苑特設会場），「インテリアライフスタイル東京」（2011年6月1〜3日，東京ビッグサイト）の2度である。また，海外では「MEET MY PRODUCT」（2011年4月12〜17日，イタリア〔ミラノ〕と同年6月7日〜7月16日，フランス〔パリ〕の2度）に出展している。井上はこれらの展示会に出展することで，参加者の意見を製品開発に役立てていった。

［ターゲット（国内／海外）］

　井上は，当初から「chanto」の主な対象市場を海外に定めていた。これは，
「B & G Collection」の製品コンセプトやデザインが海外の顧客に広く受け
入れられるものではないとの評価を受けていたためである。ただし，井上は
国内の展示会にも出展しているように，海外市場のみをターゲットにしてい
たわけではない。正確には，国内・海外を問わず多くの顧客を惹きつけるこ
とができるような製品を開発し，販売することがプロジェクトの目的である
ため，市場としては国内と海外の両方を対象にしているといえる。

2.2　「chanto」の販売までのあゆみ

　ここでは，「chanto」の販売までのあゆみについてみていく。前述したよ
うに，「chanto」の開発のきっかけは「B & G Collection」と同じである。そ
のため，ここでは「B & G Collection」の販売以降のあゆみについて確認する。
表3.1は「chanto」の販売までのあゆみを示したものである。なお，本章で
は「chanto」の販売までのあゆみについて，大きく３つの時期（開始期，開
発期，製品化および販売期）に分類し，確認する。

2.2.1　「chanto」プロジェクトの開始期（2009年）

　井上は，2009年５月にICFFで「B & G Collection」を発表して以降，新た
な製品の開発に着手する。新製品を開発するにあたり，井上が最初に行った
のは補助金の申請である。これは「B & G Collection」プロジェクトにかか
る費用はすべて自費であったためである[4]。井上はICFFにおいて，彦根仏
壇の伝統技術を活用したインテリアの可能性を感じることはできたものの，
同時にそのような製品開発にかかるコストについても深く考えるようになっ
た。このような理由により，井上は2009年９月に「しが新事業応援ファンド
助成金」[5]に申請した。そして，翌月には補助金の交付が決定し，井上は経
済的な対策を講じたうえで新たな製品開発を進めていく。

　新製品を開発するにあたり，井上は新たなデザイナーの必要性を感じてい

表3.1 「chanto」の販売までのあゆみ

年	月	主な出来事
2009年	9月	平成21年度「しが新事業応援ファンド助成金」に申請（25日）[1]
	10月	助成金の交付が決定（1日） 第1回 製品開発会議 （9日，内容：デザイン業界の動向や展示会に関する勉強会①）
	11月	第2回 製品開発会議 （12日，内容：プロジェクトの方向性を検討，S₂氏を職人工房に案内）
	12月	視察・会議 （4～5日，内容：展示会場や都内ショップでデザインマーケティングを実施，S₂氏との契約を締結）
2010年	2月	東京の展示会にて先行製品調査を実施（2日，場所：展示会場） 第3回 製品開発会議 （22日，内容：デザイン業界の動向や展示会に関する勉強会②）
	3月	第4回 製品開発会議 （26日，内容：製品コンセプト案の発表および検討）
	4月	第5回 製品開発会議 （22日，内容：ラフデザインおよびブランド名を検討）
	6月	東京の展示会にて製品動向やデザイン調査を実施 （4日，場所：展示会場）
	7月	東京・銀座での市場調査を実施 「TOKYO DESIGNERS WEEK 2010」の主催者から展示会の説明を受ける （12～13日） 展示会や都内のショップで展示方法や製品動向の調査を実施 （29日，場所：展示会場，都内ショップ）
	8月	第6回 製品開発会議 （6日，内容：ブランド名〔仮〕の決定，試作品の改善点の洗い出し） 第7回 製品開発会議 （27日，内容：ブランド名の変更，木地の彫刻や色漆の色合・配色を検討）
	9月	先行製品調査を実施（10日，場所：展示会場） 平成22年度「しが新事業応援ファンド助成金」に申請（22日）[2] ブランドの名称を「chanto」に決定 第8回 製品開発会議 （27日，内容：ブランドのロゴやデザインを検討）

2010年	10〜11月	助成金の交付が決定（10月1日） プレスリリースを配信 （報道機関用：10月19日，Web媒体用：10月22日） 「TOKYO DESIGNERS WEEK 2010」に出展 （10月29日〜11月3日，出品数：10種47点，場所：明治神宮外苑特設会場） 製品動向の調査および今後の活動の方向性を検討 （11月26日，場所：展示会場）
	12月	第9回 製品開発会議 （22日，内容：製品の改善やコストダウンを検討）
2011年	4月	「MEET MY PROJECT」（イタリア・ミラノ）に出展 （12〜17日，出品数：15種39点，場所：ミラノ市内） 平成23年度「滋賀県市場化ステージ支援事業補助金事業計画書」を提出 （18日）3)
	5月	「chanto」のHP（日／英）を開設 補助金の交付が決定（25日）
	6〜7月	「インテリアライフスタイル東京」に出展 ここで試作品を製品化し，販売を開始（主にバイヤー向け） （6月1〜3日，出品数：7種39点，場所：東京ビッグサイト） 「MEET MY PROJECT」（フランス・パリ）に出展 （6月7日〜7月16日，出品数：7種39点，場所：パリBHV） 第10回 製品開発会議 （7月22日，内容：試作品の改善点の洗い出し） その他の活動（7月22日） ネット業者との取引交渉，百貨店からの催事依頼とその打ち合わせ
	8月	セレクトショップへの卸業者での社内プレゼンを実施（5日） 第11回 製品開発会議 （5日，試作品の製品化への検討） 正式販売開始 8種35点 （抹茶碗〔のちに「マルチボウル」に名称変更〕，エスプレッソカップなど）

注）製品開発会議についてはここでは代表的なもののみ記載しており，会議の開催数は便宜上のものである点には注意が必要である。
※当該表は井上仏壇へのインタビューおよび同店提供資料をもとに筆者が作成。

た。これは，ICFFに参加した際，参加者からブランドとしては高い評価を受けたものの，「製品がアジアチックであり，一般受けするようなものではない」との指摘も受けていたためである[6]。このとき，井上はICFFで知り合ったデザイナーのS₂氏のことが頭に浮かんでいた。S₂氏はインダストリアルデザイナーとしてインテリアやプロダクトデザインの開発に関わっており，地域資源を活用したプロダクトデザインを積極的に行っている人物である。井上は新製品の開発にはプロのデザイナーであるS₂氏からさまざまなアドバイスを得ることが重要であると考え，最初の製品開発会議（以下，会議）にS₂氏を招いている。このとき，井上はS₂氏から最新のデザイン界の動向や展示会についての話を聞き，専門家からのアドバイスを新製品の開発にいかそうとしていた。

　さらに，井上は彦根仏壇の伝統技術を活用した新製品を開発するにはプロのデザイナーに現場を見てもらうことが重要であると考え，2度目の会議でS₂氏を彦根仏壇の職人が働く工房に案内[7]，本格的に製品開発をはじめるための準備を進めていく。このように，井上をはじめとしたメンバーは当初，仏壇とは異なるプロダクトデザインの業界についてのさまざまな情報や動向について学んでいた。また，この年の年末にはインテリアライフスタイルリビング（IFFT）や東京都内のショップに出向き[8]，デザインに特徴のある製品の調査を実施している。このとき，井上はS₂氏の事務所でプロジェクトに関する契約を結んでおり，S₂氏は翌年の1月から正式に参加するようになる[9]。

2.2.2 「chanto」の開発期（2010年）

　2010年1月から，デザイナーのS₂氏や滋賀県工業技術総合センターなどのアクターがプロジェクトに参加することになり，井上は本格的に製品開発をスタートさせていく。井上は，この年の2月に行った会議についても最初の会議と同様に，デザイン業界の動向や展示会に関する勉強会に費やした。これは井上自身が異分野での製品開発の経験が少なかったためである。井上に

とっての異分野での製品開発は，前年の「B & G Collection」がはじめてであり，その期間も短いものであった。そのため，井上は本格的に製品開発を進める前に，デザイン業界の動向や展示会に関するさまざまなノウハウを習得しておくことが必要であると考えたのである。

　3月に入ると，新製品の具体的な方向性が話し合われるようになる。このときはS₂氏からメンバーに「精神性の高いミニマル10)な世界」という製品コンセプト11)が提示され，メンバー間で具体的な製品開発の方向性12)についての議論が行われている。それ以外にも，この会議では，次回のテーマとしてブランド名の決定などが挙げられていた13)。現代社会においてブランドの重要性は大きく増してきており14)，井上をはじめとしたメンバーもブランド名の重要性は理解していたため，1度の会議でブランド名を決定することはしていない。メンバーは，3月の会議で全員が次回までに「外国人の視点で，ローマ字，英語によるブランドネーム案を各自考える」ことを宿題としていた15)。しかしながら，4月の会議ではブランド名の検討を重ねたものの，決定するまでには至っていない。

　このように，会議を重ねるごとに新製品の方向性は定まりつつあったが，それを具体的に表現するようなブランド名を決定するには至らなかった。井上は，このような状況を打破するために6〜7月にかけて東京に出張し，製品やデザインの動向といった市場調査を重ねていく16)。このときの市場調査により，少しずつではあるものの，新製品のコンセプトが定まるようになり，8月に行われた会議では新製品のブランド名（このときは仮称であり，名称は9月に変更）が決定した。さらに，座イス，コーヒーミルなどの縮小モデルやPCホルダーの見本など，いくつかの試作品がつくられ，会議ではそれらの使い勝手やカラーリングなどについての議論がなされ，改善点を出し合うなど，製品開発を着実に進めていった。そして，9月の会議ではブランドのロゴやデザインについての打ち合わせが実施され，プロジェクトチームはこの年の10〜11月に開催される「TDW 2010」に出展することになる17)。

　「TDW 2010」は，井上にとって「chanto」としてははじめての展示会であっ

たが，参加者からは好評であり，特に明
るい色漆に対して高い評価がなされた。
このときは国内のバイヤーだけでなく，
欧米を中心とした海外のバイヤーなども

「chanto」のロゴ

数多くブースを訪れた[18]。なお，井上はこのときの参加者からイタリア・ミ
ラノで開催される「MEET MY PROJECT」への出展オファーを受けており，
翌年にはその展示会に参加することになる。なお，チームは「TDW 2010」
への出展後に会議（11月と12月）を開き，製品動向の調査や今後の活動の方
向性（製品の改善やコストダウンなど）について検討を重ねていった。

2.2.3 「chanto」の製品化および販売期（2011年）

　2011年に入ると，井上は試作品の改善や展示会への出展を積極的に行い，
「chanto」を市場に投入する準備を進めていく。2月には2つの展示会を視
察し，競合他社の製品動向をチェックしながら，そこから得た情報を試作品
の改善につなげていった。その後，井上は同年4月にイタリア・ミラノで開
かれる展示会「MEET MY PROJECT」に出展することになる。これは前
年の10〜11月に出展した「TDW 2010」で「chanto」の色づかいがイタリ
ア人プロデューサーの目に留まり，参加のオファーを受けたためである。井
上は「TDW 2010」での試作品に改善を加えたものを出品し，それらは高い
評価を受けた[19]。5月にはHPを開設[20]し，情報発信にも力を注ぐようになる。
さらに井上は，4月の「MEET MY PROJECT」に続き，6月にも展示会「イ
ンテリアライフスタイル東京」に出展している[21]。この展示会でも，参加者
からの評価は全体的に高く，これまでネックであった価格にも理解を示して
もらうことができた。新製品は彦根仏壇の漆塗り（色漆）の技術を活用して
いる点に製品としての特徴があるため，価格は通常の製品よりも高く設定せ
ざるをえなくなる。井上自身もその点には気づいており，これまでにも製造
コストと製品価格にはさまざまな工夫を行ってきたが，この展示会ではそれ
らの活動が参加者に認められるようになった。また，このときに試作品を製

品化し，販売を開始しているが，それは主にバイヤー向けのものである。7月に入ると試作品の改善に加え，ネット業者や百貨店からの依頼を受けるようになり，正式な販売への動きが加速していく。その後，「chanto」は8月に正式に販売されることになった。

3. 「chanto」の製品特性

　本節では，「chanto」の製品特性についてみていく。具体的には同ブランドの製品概要や製造工程，製品の強みと課題について確認する。

3.1 「chanto」の製品概要
　ここでは，「chanto」の製品概要について製品別に確認する。表3.2はそれぞれの製品の概要を示したものである。

表3.2　「chanto」の製品概要（製品別）

製品名		価格（円）	製造期間（週）	伝統技術	
				漆塗り	種類
マルチトレイ	M	7,800	13 〜 15	○	10
	L	8,800	13 〜 15	○	10
コンテナ		6,500	9	○	3
エスプレッソカップ		6,000	11	○	5
マルチボウル（欅・水目桜）		15,000	11	○	3
コーヒーミル		35,000	13	○	4
コーヒーカップ		5,000	5	○	2
スプーン		1,800	5	○	2
フォーク		1,800	5	○	2

注1）価格は税別。
注2）当該表における製造期間の数値はすべて大まかなものであり，あくまで目安である点には注意が必要である。
注3）マルチトレイの「M」，「L」は商品のサイズである。
注4）製造期間は予備日を含んだものである。
※当該表は井上仏壇へのインタビューおよび同店提供資料をもとに筆者が作成。

現在，「chanto」の製品ラインナップは8種類である。以下，それぞれの製品の概要について確認する[22]。

［マルチトレイ（M・L）］
　この製品は，「見たことのないトレイ」をコンセプトにつくられたものである。この製品の特徴は，トレイ[23]の色漆を塗る部分とそうでない部分の境界面を直線的に表現している点にある。境界面を直線的に表現するにはマスキングテープなどを貼り，漆塗りを施す必要があるが，それだけでは

マルチトレイM

直線的にはならない。そのため，漆塗りを終えた後，トレイを乾燥したのちにトレイ全体の厚みを薄くするという「削り」とよばれる工程を施すことで境界面を直線的に表現することを可能にしている。なお，この製品には「chanto」のなかで最も多い10種類（オレンジ，パープル，グリーン，モーヴ，グレイ，ターコイズ，イエロー，ブラウン，ホワイト，ピンク）の色漆が用いられている。

［コンテナ］
　この製品は，洋風の重箱をイメージしてつくられたものである[24]。この製品はスタッキング（積み重ね）が可能であり，コンパクトに収納できるように設計されている。製品の用途はさまざまなものに対応可能であり，クッキーやビスケットなどの食品からアクセサリーなどの装飾品まで入れ

コンテナ

ることができる。また，この製品の蓋には光るアクリル板が取り付けられており，上から光が入るとアクリル板の厚み部分が光ってみえるよう工夫され

ている。なお，コンテナは「chanto」のなかで唯一，色漆を用いていない製
品である。

[エスプレッソカップ]

　この製品は，「かわいさ」をイメージ
してつくられたものである。井上の「顧
客にコーヒーのイメージを抱いてもらお
う」という思いから，カップには茶色が
かった欅を使用している。この製品の特
徴は，かわいさを表現するためにフォル
ムやサイズを小型で丸みを帯びたものに

エスプレッソカップ

している点にある。なお，製品に塗られている色漆は5種類（イエロー，オ
レンジ，グリーン，ピンク，ブラウン）である。これは，当初ピンクを除く
4種類が開発されたものの，井上の「4種類よりは5種類が一般的」という
考えから，新たにピンクが加えられ，現在のバリエーションになっている。
なお，この製品は「chanto」の初期に開発されたものである。

[マルチボウル（欅・水目桜）]

　この製品は，もともと抹茶碗として開発
されたものである。その後，さまざまな用
途に使用できるようなものであることから，
製品名を「マルチボウル」に変更した[25]。
この製品は，カフェオレボウルをイメージ
して開発されているため，サイズは大きめ
に設計されている。この製品の特徴はボウ

マルチボウル

ルに使用されている木材にあり，欅を用いたものと水目桜を用いたものの2
種類がある。前者は木目がはっきりしており，色合いは茶色である。後者は
木目がなく，色合いは白色に近いものである。このように，マルチボウルに

ついては，使用する木材を２種類にすることで顧客の好みに対応できるようにしている。なお，この製品には「chanto」を購入する顧客層からの評価が高い色漆（グリーン，イエロー，ブラウン）を用いている。

［コーヒーミル］

　この製品は，「chanto」のなかでも中核的なポジションにあるものである。この製品には，ブランド全体に活用されている彦根仏壇の漆塗り（色漆）の技術に加え，ミルやその胴体にも高度な加工技術が活用されている点にその特徴がみられる。この製品は，以前にミルの製造会

コーヒーミル

社（開発部門）に勤めていた技術者，木工技術者，そして彦根仏壇の漆塗師であるN氏の３者が中心になって開発された。

　製品の心臓部であるミルについては金型をつくり，そこにセラミックを流し込んでつくられている。このミルは無段階（ギアチェンジ可能）のものであり，高度な加工技術が活用されている。また，この製品に関しては胴体を固定する必要があることから，胴体部分にねじり加工という高度な木工技術も活用されている。木材については顧客にコーヒーをイメージしてもらうために，茶色がかった欅を使用している。なお，製品に用いられている色漆は４種類（オレンジ，グリーン，パープル，ブラウン）である。

［コーヒーカップ／スプーン／フォーク］

　これらの製品は，「chanto」のなかで最も価格を抑えたものである。「chanto」はカフェ用品シリーズであるが，彦根仏壇の漆塗りの技術を活用しているため，一般的なものと比べると高めに設定されている。そのため，井上ははじめて「chanto」を購入する顧客にも手が届きやすい価格であるこれらの製品を開発した。

そのようなコンセプトで製品を開発しているため，井上はカップ本体を既製の海外製にしたり，色漆を2種類（ブラウン，オレンジ）に絞るなどして価格を抑えている[26]。また，これらの製品は，「chanto」のなかでも後期に開発

コーヒーカップ/スプーン/フォーク

されたものであり，これによりブランドのラインナップや価格の幅を広げ，より多くの顧客に「chanto」や彦根仏壇産地のことを知ってもらおうという思いも込められている。

3.2 「chanto」の製造工程

　ここでは，「chanto」の製造工程（製品別）についてみていく[27]。図3.2は製品別にみた「chanto」の製造工程を示したものである。なお，［エスプレッソカップ／マルチボウル］，［コーヒーカップ／スプーン／フォーク］については製造工程がそれぞれ基本的に同じであるため，ここではそれらをグループ化している。

［マルチトレイ（M・L）］
　このトレイは，木地（1週間），下地（下地剤）・色漆の調合（2週間・1～4週間），漆塗り（1日），乾燥（1回目：2週間），削り（1週間），塗装（コーティング：1週間），乾燥（2回目：2週間）の順で製造されている。この製品は下地の工程と色漆の調合がほぼ同時に行われる。これらの工程のうち，木地，下地，削りの工程は滋賀県外で活動する工房が担当している。それ以外の工程については，色漆の調合，漆塗り，乾燥（1回目）は彦根仏壇の漆塗師であるN氏，最後の塗装（コーティング）と乾燥（2回目）は井上仏壇がそれぞれ担当している。

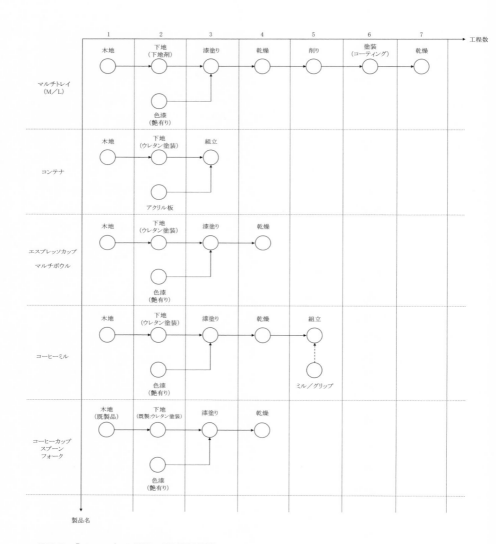

図3.2 「chanto」の製造工程（製品別）

注1）コーヒーミルにおけるミルとグリップは担当会社が製造しており，本章ではミルそのものの
　　　製造工程には含まれないととらえているため，ここでは点線で表記している。
注2）「コーヒーカップ／スプーン／フォーク」の木地と下地の工程については，既製品を用いて
　　　おり，実際の製造工程には含まれないため，ここでは点線で表記している。
※当該図は井上仏壇へのインタビューをもとに筆者が作成。

［コンテナ］

　コンテナは，木地（1週間），下地（ウレタン塗装）・アクリル板（1週間・4週間），組立（1日）の順で製造されている。この製品は，本書で取り上げている井上仏壇の異分野での製品のなかで，唯一，彦根仏壇の伝統技術を活用していないものである。ただし，木地については県外の漆器産地で活動する木工加工・塗装業者が担当しており，高度な製造技術が活用されている。木地の工程の後には，下地（ウレタン塗装）工程と蛍光アクリル板の製造がほぼ同時に行われる[28]。最後に，コンテナ本体にアクリル板を装着することで製品は完成する。

［エスプレッソカップ／マルチボウル（欅・水目桜）］

　エスプレッソカップとマルチボウルは，木地（4週間），下地（ウレタン塗装）・色漆の調合（1週間），漆塗り（1週間），乾燥（1週間）の順で製造されている。これらの製品は，下地の工程と色漆の調合がほぼ同時に行われる。また，これらの製品は製造工程と製造期間が同じである。木地と下地の工程については，県外で活動する挽き物屋が担当している。それに対し，色漆の調合，漆塗り，乾燥の工程については彦根仏壇の漆塗師であるN氏が担当している。この製品は，コンテナを除く「chanto」のほかの製品と同様，彦根仏壇の漆塗りの技術が活用されている。ただし，彦根仏壇の伝統技術ではないものの，県外で活動している挽き物屋が担当している木地工程についても高度な製造技術が活用されている。

［コーヒーミル］

　コーヒーミルは，木地（4週間），下地（ウレタン塗装）・色漆の調合（1週間），漆塗り（1週間），乾燥（1週間），組立（1日）の順で製造されている。この製品は下地の工程と色漆の調合がほぼ同時に行われる。木地と下地の工程は県外で活動する挽き物屋が，色漆の調合と漆塗り，乾燥の工程は彦根仏壇の漆塗師であるN氏が担当している。これらの工程ののち，ミルとグリッ

プを取り付け，組み立てることで製品は完成する。なお，ミルという製品の特性上，製造にあたっては部品間のすり合わせが必要になる。そのため，ミルとグリップを製造する会社が木地と下地工程を担当するアクターを指定し，ミル本体の製造工程を管理している。

［コーヒーカップ／スプーン／フォーク］

　コーヒーカップとスプーン，フォークは，木地（既製品：製造期間なし），下地（既製品：製造期間なし），色漆の調合（1週間），漆塗り（1週間），乾燥（1週間）の順で製造されている。これらの製品では，本体は海外で製造された既製品を用いているため，木地・下地の状態が悪く，漆塗りを2度施している。なお，製造期間に木地と下地工程は含まれていない。これは，製造工程の一部に既製品を用いることで販売価格を下げ，より多くの人に「chanto」を購入してもらおうという意図があるためである[29]。なお，色漆については「chanto」のほかの製品と同様，彦根仏壇の漆塗師であるN氏が担当している。

3.3　「chanto」の特徴と課題

　ここでは，「chanto」の特徴と課題について述べる。同ブランドは，「木と漆」を組み合わせたカフェ用品シリーズであり，彦根仏壇の漆塗りの技術を活用したものである。「chanto」の主だった特徴は彦根仏壇の漆塗りの技術を活用し，カラフルな色漆を用いている点にある。ただし，単に色漆を用いているだけでなく，プロダクトデザイナーを招聘するなどして製品コンセプトやデザインを洗練させていることや，彦根仏壇以外にも北陸地方の伝統技術[30]を使った製品であることなどから，同ブランドの特徴は「製品コンセプトやデザインにこだわった日本の伝統工芸の技術を活用したカフェ用品」という点にあるといえる。

　このような特徴を備えた「chanto」は国内や海外の展示会で高い評価を受け，製品としては一定の評価を得ているが，価格や製造，在庫面でのコスト

という課題も残った。これは伝統技術を活用した製品であることから，必然的に一定のコストがかかるため，難しい課題であるといえる。このコストという課題に対し，井上は「コーヒーカップ／スプーン／フォーク」といった製品をラインナップに加えることで対応していった。具体的には，(1) これらの製品は一部に既製品が用いられており，かつ，色漆の種類を2種類に絞っているため，従来の「chanto」シリーズに比べ価格を安く設定している点，(2) これらの製品を販売するにあたり，価格を高く設定しなくてすむように中間マージンの入らない店舗販売や井上が関わっているネットショップのみで取り扱っている点，(3) 製品の一部には既製品を用いているため，ロット生産をする必要がないため，在庫コストがかからない点，などである。

　これらのことから，井上は「chanto」の価格や製造，在庫コストという課題に対し，それまでの「chanto」の製品とは一部異なる製造方法でつくられた製品を開発・販売することで対応していった[31]。

4. おわりに

　本章では，井上仏壇の「chanto」に関する製品開発について概観した。最初に，プロジェクトの概要（プロジェクトの全体像，販売までのあゆみ）について確認した。次に，同ブランドの製品特性（製品概要，製造工程，製品の特徴と課題）について確認した。

　「chanto」は「B & G Collection」での一般受けしにくいという課題を改善することで誕生したブランドである。同ブランドは「木と漆」を組み合わせたカフェ用品シリーズであり，国内や海外の展示会で高い評価を受けた。「chanto」の特徴は彦根仏壇の漆塗りの技術を活用し，カラフルな色漆を用いている点にある。ただし，同ブランドは製品コンセプトやデザインを追求したり，北陸地方の伝統技術も取り入れていることからも「製品コンセプトやデザインにこだわった日本の伝統工芸の技術を活用したカフェ用品」であ

るととらえることができる。

　このような特徴を備えている「chanto」であるが，伝統技術を活用した製品であるため，価格や製造，在庫といったコストに関連する課題を抱えることにもなった。このような課題に対し，井上は一部に既製品を用いたり，色漆の種類を絞った製品を開発することでコストに関する課題に対応していった。

注
1）これは，申請前の段階で書類選考やプレゼンテーション，質疑応答などの審査を経ている。
2）これについても，前年度のものと同様に，申請前の段階で書類選考やプレゼンテーション，質疑応答などの審査を経ている。
3）これは，滋賀県における経営革新の認定資格をもつ事業者を対象にした補助金である。
4）ただし，第2章で述べたように，ICFFで井上をサポートしたコンサルタント業を営むK氏は井上仏壇の事業規模を考慮し，「B & G Collection」プロジェクトに関わる自身の費用についてはすべて自費で賄っている点には注意が必要である。
5）大橋（2018, 2019）では「新製品応援ファンド」となっているが，これらは同じものである。
6）2014年6月16日，井上昌一（井上仏壇代表）へのインタビューによる（150分，「ICFFにおける『B & G Collection』の評価について」ほか）。
7）このとき，井上はS₂氏に対し，のちに「chanto」の色漆を担当する彦根仏壇の漆塗師であるN氏の工房に案内している（2019年9月2日，井上仏壇代表井上昌一へのインタビューによる〔57分，「2009年11月12日における職人工房の見学について」ほか〕）。
8）都内ショップとは，S₂氏が井上に勧めた店（インテリアショップや家具屋など数店舗）のことである。また，このとき井上はリーズナブルなものから高価格なものまで幅広い価格帯の製品を見て回っていた（2019年9月2日，井上仏壇代表井上昌一へのインタビューによる〔57分，「2009年12月4〜5日における視察について」ほか〕）。
9）大橋（2018, 2019）では2010年に「デザイナーにS氏を起用することを決定」

としているが，これはプロジェクトにS₂氏がデザイナーとして正式に活動を開始したということである。契約についてはここで述べているように2009年12月に結んでいる点には注意が必要である。

10）ここでの「ミニマル」とは必要最小限という意味である。

11）ここでの製品コンセプトとは「集中するシーンを支える形」というものである。具体的には「仕事をする，本を読む，瞑想する，音楽を聴く」などのシーンを想定していた（井上仏壇提供資料より）。

12）製品の方向性は大きく（1）見立て，（2）精緻なテクニック，（3）瞑想，（4）リラックスから構成されていた。具体的には（1）は仏壇関連（仏壇の日常性）であり，（2）は彦根仏壇の伝統技術（木工，木彫，金彫，漆），（3）は精神性（非日常的なもの），（4）はテーマ／自然の形（花，雲）である（井上仏壇提供資料より）。

13）そのほかにも，テーマとしてラフデザインの検討などが挙げられていた（井上仏壇提供資料より）。なお，ラフデザインについては，本章の表3.1にもあるように4月の会議でも検討されていた。

14）この点について，水越は「消費社会の成熟化が進む中で，商品やサービスの技術的な差別化が困難になり，ブランドはいよいよ重要性を増してきた」と指摘している（水越，2009：228）。

15）井上仏壇提供資料より。

16）また，井上はこのときに「TOKYO DESIGNERS WEEK 2010 環境デザイン展（以下，「TDW 2010」）」の主催者であるNPO法人から展示会に関する説明を受けている（井上仏壇提供資料より）。

17）井上仏壇は「TDW 2010」への出展に先立ち，プレスリリースを配信していた（井上仏壇提供資料より）。ただし，井上によればプレスリリースは「TDW 2010」への出展に関するPRよりも製品のPRの方が優先度は高いという（2019年9月2日，井上仏壇代表井上昌一へのインタビューによる〔57分，「プレスリリースの目的について」ほか〕）。

18）このとき，井上仏壇のブースを訪れた来場者数は159名（商談者実数・名刺によるカウント）であった（井上仏壇提供資料より）。

19）なお，井上は同時期に，ミラノの百貨店が主催する展示会にも出展している（2020年4月27日，井上仏壇代表井上昌一へのインタビューによる〔95分，「『chanto』におけるミラノの百貨店が主催する展示会への出展について」ほか〕）。

20）このHPは日英2言語に対応している。

21) このときの井上仏壇のブースへの来場者数は142名（名刺によるカウント）であった（井上仏壇提供資料より）。また，この時期に「MEET MY PROJECT」（フランス・パリ，6月7日〜7月16日）にも出展しているが，これは出品のみであり，井上をはじめとしたプロジェクトメンバーは現地へ行っていない（2019年7月4日，井上仏壇取締役井上隆代へのインタビューによる〔18分，「2011年6月7日〜7月16日における『MEET MY PROJECT』への出展について」ほか〕）。

22) ここでの記述は2019年7月4日，2020年3月12日，2020年4月27日，2020年6月8日，井上昌一（井上仏壇代表）へのインタビューをもとにしたものである（60分〔2019年7月4日〕，120分〔2020年3月12日〕，95分〔2020年4月27日〕，30分〔2020年6月8日〕），「『chanto』の製品概要について」ほか）。

23) この製品には，木材にヒバが用いられている（2020年6月8日，井上仏壇代表井上昌一へのインタビューによる〔30分，「マルチトレイの木材について」ほか〕）。

24) この製品には，木材に合板（ベニヤ）が用いられている（2020年4月27日，井上仏壇代表井上昌一へのインタビューによる〔95分，「コンテナの木材について」ほか〕）。

25) 抹茶碗からマルチボウルへ名称変更したのは2015年の前半である（2020年6月8日，井上仏壇代表井上昌一へのインタビューによる〔30分，「『抹茶碗』から『マルチボウル』への名称変更の時期について」ほか〕）。

26) これらの製品に用いている木材は，コーヒーカップがナツメ，スプーンとフォークがカバである（2020年4月27日，井上仏壇代表井上昌一へのインタビューによる〔95分，「『コーヒーカップ／スプーン／フォーク』の木材について」ほか〕）。

27) ここでの記述は2019年7月4日，2020年4月27日，2020年6月8日，井上昌一（井上仏壇代表）へのインタビューをもとにしたものである（60分〔2019年7月4日〕，95分〔2020年4月27日〕，30分〔2020年6月8日〕），「『chanto』の製造工程について」ほか）。

28) 木地と下地の工程を担当している業者は同じである。

29) これにより，原価を約50％削減させている（2020年6月8日，井上仏壇代表井上昌一へのインタビューによる〔30分，「コーヒーカップ／スプーン／フォークの原価削減について」ほか〕）。

30) ここでいう北陸地方の伝統技術とは山中漆器（木地：ろくろ），越前漆器（木地，

下塗装〔塗装の一部まで〕，マルチトレイとコンテナを担当）である。

31）本節における記述は2022年3月7日，井上昌一（井上仏壇代表）へのインタビュー
　　をもとにしたものである（32分，「『chanto』の特徴と課題について」ほか）。

参考文献

大橋松貴，2018，「地域プロデューサーとしての地元企業の製品開発戦略——深表統
　　合モザイクゾーンの観点から」地域デザイン学会誌『地域デザイン』第12号，
　　pp.127-45。
————，2019，『伝統産業の製品開発戦略——滋賀県彦根市・井上仏壇の事例研
　　究——』サンライズ出版。
水越康介，2009，「ブランド構築のマネジメント」石井淳蔵・廣田章光編著『1から
　　のマーケティング』碩学舎，pp.220-36。

補足1.　「chanto」の販売後のあゆみ

　井上仏壇は「chanto」の正式販売を開始したあとにも，さまざまな展示会
へ出展したり，製品開発に関わる会議を行ったりしている。そのため，ここ
では同店の「chanto」の販売後のあゆみについて確認する。なお，ここでは
井上仏壇が積極的に活動を展開していた2012年3月までの活動を取り上げる。
表補3.1は同店の「chanto」販売後のあゆみを示したものである。

2011年（9月以降）

　井上は，2011年8月に「chanto」の正式販売を開始したのち，「地域力宣
言 2011 in 上海」に参加することを決定した。この事業は上海市内に新設す
る常設店舗で地域産品の展示・販売を行うというものである。井上は，この
事業に参加することで「chanto」をグローバルレベルで展開し，国内にとど
まらないブランドにしたいと考えていた。井上はこの事業に参加し，2011年

表補3.1 「chanto」販売後のあゆみ

年	月	主な出来事
2011年 （〜2012年）	9〜2月	「地域力宣言 2011 in 上海」（中国・上海市）に出展 （2011年9月9日〜2012年2月29日，場所：＋8〔JiaBa〕）
2011年	10〜11月	「リビングデザインタイドトーキョー 2011」に出展 （10月26日〜11月3日，場所：三越伊勢丹日本橋本店） 展示会および各種取引についての会議（11月1日） 「インテリアライフスタイルリビング（IFFT）」に出展 （11月2〜4日，場所：東京ビッグサイト） 「Square for Products, Arts & Design」に出展 （11月8〜10日，場所：台場TFTビル） 第12回 製品開発会議 （11月10日，内容：海外への対応，製品の改善点の洗い出し） 「Salon Ide'es Japon」（フランス・パリ）に出展 （11月21〜26日，場所：Galerie Cinko, 12-18 Passage Choiseul, 75002 Paris） 第13回 製品開発会議 （11月25日，内容：製品の改善点の洗い出し）
	12月	「和組（wagumi）展示会」（イギリス・ロンドン）に出展 （2011年12月10日〜2012年3月30日，場所：ロンドン○×○タワー）
2012年	2月	「WAO 工芸ルネッサンス ニューヨーク展示会」（アメリカ・ニューヨーク）に出展 （10〜12日，場所：Capsule Studio） 「アンビエンテ」（ドイツ・フランクフルト）に出展 （10〜14日，場所：フランクフルト国際見本市会場） 「WAO 工芸ルネッサンス 凱旋帰国企画展示会」に出展 （18〜20日，場所：東急百貨店本店）
	3月	「WAO 工芸ルネッサンス パリ展示会」（フランス・パリ）に出展 （4〜6日，場所：パリ装飾美術館マレショオホール）

注）製品開発会議の回数についてはプロジェクト当初からの会議の回数を含んだものである。なお，製品開発会議についてはここでは代表的なもののみ記載しており，会議の開催数は便宜上のものである点には注意が必要である。

※当該表は井上仏壇へのインタビューおよび同店提供資料をもとに筆者が作成。

9月～2012年2月末までの期間,「chanto」を出品した。この活動について,井上は「海外市場での『chanto』に対する反応をみたかった」[1]と述べている。この事業への参加をはじめ,井上は「chanto」をさまざまな展示会へ出展していくようになる。同年10～11月には「リビング デザインタイドトーキョー2011」に,11月には「インテリアライフスタイルリビング(IFFT)」,「Square for Products, Arts & Design」,「Salon Ide'es Japon」に出展し,約1ヵ月の間に4つの展示会へ出展するというハイペースで活動を展開している。これには,井上の「chanto」販売後の早い期間にさまざまな展示会へ出展することで,同ブランドのPRを効果的にしようという狙いがある。また,井上は展示会へ出展するだけでなく,その期間中に製品開発会議を重ねるなどして「chanto」の改善にも取り組んでいる。さらに,この年の12月からは「和組(wagumi)展示会」へ出展している。この展示会は「新しい『JAPANプロダクト』の製品化,販売推進プロジェクト」[2]というものである。井上はこの事業に参加し,2011年12月から2012年3月末までの期間,ロンドンの常設ギャラリーに製品を展示・販売していた。

2012年（3月まで）

　2012年に入ると,井上は「工芸ルネッサンス・プロジェクト(Future Tradition WAO)」に参加するようになる。これは経済産業省の受託事業であり,東日本大震災による風評被害を払拭し,日本の伝統工芸に対する理解を深めるとともに,これらの未来型工芸品を新たなジャパンブランドとして世界に発信,国内外で継続的な新市場を構築することを目的としたものである[3]。この目的のもと,プロジェクトではアメリカ・ニューヨークとフランス・パリで製品の展示販売会が開催され[4],井上仏壇はこれらの展示販売会に加え,国内で開催された凱旋帰国企画展示会で「chanto」を出品するなど,積極的に活動を展開している。また,この年にはドイツ・フランクフルトで開催された「アンビエンテ」にも出展するなど,主に海外の展示会を中心に参加していた。

注

1）2020年6月8日，井上昌一（井上仏壇代表）へのインタビューによる（30分，「『地域力宣言 2011 in 上海』への参加動機について」ほか）。
2）井上仏壇提供資料より。
3）井上仏壇提供資料より。
4）来場者数については，ニューヨーク展では約600名，パリ展では約2,800名であった（井上仏壇提供資料より）。

補足2. 「chanto」の製造工程上の特徴
——マルチトレイとコンテナ

　第3章では，井上仏壇の「chanto」について主に製品開発の側面から概観してきた。ここでは，彦根仏壇の伝統技術かそうでないかに関わらず，同ブランドにおいて製造上，特徴的な製品であるマルチトレイとコンテナを取り上げ，それらの製造工程についてみていく。表補3.2はこれら製品の製造上の特徴を示したものである。

表補3.2　マルチトレイ・コンテナの製造工程上の特徴

製品名	製造工程	
	工程の分類	特徴
マルチトレイ	工程全般	直線的な境界面
コンテナ	木地	スリット（切り込み）

注）工程の分類は彦根仏壇における工部七職の分類による。
※当該表は井上仏壇へのインタビューをもとに筆者が作成。

マルチトレイ——直線的な境界面

　最初の工程では，木材をトレイの形状に仕上げていく。この工程の後，トレイに下地剤を塗装する[1]。なお，下地剤はコンプレッサーを用いて吹き付け塗装する[2]。このとき，あとの工程で漆を塗る面のみに下地剤を塗る。また，これらの工程（木地，下地）と同時に漆塗師は色漆（艶有り）を調合して

いる。下地までの工程を経ると、漆塗りの作業に入る。このとき、漆塗師は漆の塗装部分とそうでない部分の境界線を直線的に表現するためにマスキングテープなどを貼って作業する。ただし、実際にはこの作業を行っても境界面は直線的にはならない。境界面を直線的に表現するには削りとよばれる作業が必要になる。削りとはトレイをベルトコンベア式のローラーに乗せ、上からサンドペーパーのようなものを取り付けているローラーで削り、トレイ全体の厚みを薄くする作業のことである。この工程をトレイの表裏に施すことで、漆の塗装部分とそうでない部分を直線的に表現することができる。

　最後に、再び塗装（コーティング）工程を施す。この工程は、漆が塗装されていない部分に施される。その理由は、漆が塗装されていない部分は白木の状態であるため、このままではトレイが水を吸い込んでしまうためである。水を吸い込んでしまうと、トレイの形状がゆがんでしまうため、製品としては成立しない。このような状況に対応するためには、目止剤を塗装して白木部分をコーティングする必要がある。最後に、乾燥の工程を経て製品は完成するが、乾燥には2週間ほどの時間が必要になる。これは、色漆を乾燥させたあと、その色が落ち着いたものになるには時間がかかるためである。

コンテナ──スリット（切り込み）による木材の反らし

　この製品には、木材に合板（ベニヤ板）が用いられている。これは、合板の割れや反りに強く、加工しやすいという特性をいかすためである。この合板を用いてコンテナの本体はつくられているが、本体は大きく「側面」と「底」により構成されている。これらはそれぞれ1枚の木材により形成されており、それがこの製品の構造上の特徴になっている。まず、側面については1枚の木材を四角形の形状にするために、それぞれの角になる部分にスリットを入れる。これにより、木材を反らすことができ、1枚の木材を四角形の形状にすることができる。木材を四角形の形状になるよう加工したあと、つなぎ目を凹凸のある形状に加工し、接着面を広くすることで強度を高める。このとき、底になる木材も側面につける。最後に、枠組みを固定する木に木材を入

れ，ゴムバンドで固定することで，コンテナの本体が完成する。

　こうして出来上がった本体に，県外のアクリル加工業者に発注したアクリル板をはめ込むことで，製品は完成する。

注

1）下地剤を塗るのは木地への漆の吸い込みを防ぐためである。漆の吸い込みとは漆の塗装面に木目が浮き出ることをいう。「chanto」は製品のデザイン上，漆の塗装面に木目がでないようにする必要があるため，この作業を行っている（2019年7月4日，井上仏壇代表井上昌一へのインタビューによる〔60分，「マルチトレイにおける下地工程の概要とその必要性について」ほか〕）。なお，下地剤を用いる場合，ウレタン塗装とは異なり，しっかりと塗装加工が施されているため，目止めが強い（2022年3月7日，井上仏壇代表井上昌一へのインタビューによる〔32分，「下地剤とウレタン塗装との違いについて」ほか〕）。

2）吹き付け塗装で下地剤を塗ることを，一般的に「吹く」という（2019年7月4日，井上仏壇代表井上昌一へのインタビューによる〔60分，「吹き付け塗装の呼称について」ほか〕）。ただし，ここでは便宜上，「塗る」と表記している。

第4章

地域プロジェクトにおける製品開発
——冷酒カップ

マザーレイクプロジェクトでの試作品

1. はじめに

　本章では，井上仏壇のマザーレイクプロジェクト（以下，プロジェクト）における製品開発についてみていく。同店は滋賀県の伝統工芸のブランド化という目的のもとにはじまったこのプロジェクトに参加し，冷酒カップを製造・販売している。井上仏壇は製品を開発するにあたり，同時期に進めていた「chanto」プロジェクトと同様，「木と漆」を組み合わせることを当初から決めていた[1]。また，ここでの活動で生まれた製品はのちに同じ滋賀県内の酒造業者である愛知酒造とのコラボレーション製品であるぐい飲みの開発にもつながっていく。

　これらの内容を踏まえ，本章ではプロジェクトや製品特性について概観する。前者については井上仏壇からみたプロジェクトの全体像，同店の製品開発体制，プロジェクトの開始から販売までのあゆみについてみていく。後者については冷酒カップの製品概要や製造工程，マザーレイクというチームで生み出した製品としての強みと課題についてみていく。

　以下，本章の構成について述べる。第2節では，プロジェクトの概要（プロジェクトの全体像，井上仏壇の製品開発体制，プロジェクトの開始から販売までのあゆみ）について確認する。第3節では，製品特性（製品概要，製造工程，コラボレーション製品としての強みと課題）について確認する。第4節では，本章のまとめについて述べる。

2. マザーレイクプロジェクトの概要

　本節では，プロジェクトの概要についてみていく[2]。具体的にはプロジェクトの全体像や井上仏壇の製品開発体制，プロジェクトの開始から冷酒カップの販売までのあゆみについて確認する。

2.1 マザーレイクプロジェクトの全体像

　ここでは，プロジェクトの全体像について確認する。図4.1はプロジェクトの全体像を示したものである。具体的にはプロジェクトの旗振り役である滋賀県商工観光労働部商業振興課と実際に製品開発に関わったメンバーについて井上仏壇との関係を踏まえつつ概説する[3)]。

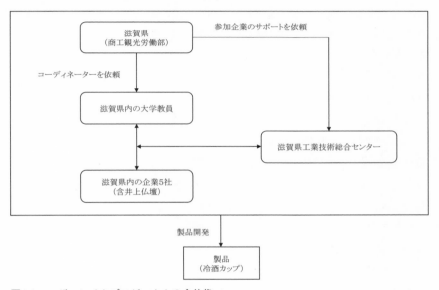

図4.1　マザーレイクプロジェクトの全体像

注1）当該図については，井上仏壇からみたプロジェクトの全体像である点には注意が必要である。そのため，ここでは開発された製品について同店が開発した冷酒カップのみ記載している。
注2）滋賀県と滋賀県工業技術総合センターは 2012 年 3 月以降，このプロジェクトの支援を終了しており，その後はコーディネーター役の大学教員と井上仏壇を含む地元企業 5 社が中心となって活動していた[4)]点には注意が必要である。
※当該図は井上仏壇へのインタビューをもとに筆者が作成。

［滋賀県（商工観光労働部）］

　滋賀県は，県内の伝統工芸をブランド化したいという思いからこのプロジェクトをはじめた。プロジェクトをはじめるにあたり，滋賀県は県内の大

学教員（以下，大学教員）をコーディネーターとして招聘し，その大学教員とともに地元の伝統産業に携わる企業を訪問していった。訪問先は県内の伝統産業に携わり，かつ新たな取り組みに挑戦している企業である。このような訪問を行ったのち，県と大学教員はプロジェクトの趣旨に賛同する参加企業を募り，そこに井上仏壇を含む５社が参加することになった。また，同時期に県はプロジェクトを効果的かつ円滑に進めるため，滋賀県工業技術総合センターに参加企業による製品開発のサポートを依頼している。なお，県と滋賀県工業技術総合センターはプロジェクトを開始して１年半が経過した2012年３月に井上仏壇を含む参加企業５社のプロジェクトの支援を終了している。

［滋賀県内の大学教員］

　この人物は滋賀県内の大学教員であり，プロジェクト当初からのメンバーである。この大学教員は滋賀県の担当者とともに県内の伝統産業に携わり，新たな取り組みに挑戦している企業を訪問，プロジェクトを進めるための準備を行っていた。この活動ののち，大学教員や県の担当者はプロジェクトの趣旨である「滋賀県の伝統工芸のブランド化」に賛同する地元企業を募ったのである[5]。プロジェクトではこの大学教員が全体のコーディネーター役を務めたほか，教員のゼミ出身者もスタッフとしてHPの開設やパンフレットの作製などの活動に参加していた。なお，この大学教員は2012年３月に県と滋賀県工業技術総合センターがプロジェクトの支援を終了してからも，井上仏壇を含む参加企業とともにプロジェクトに関わっていた。

［滋賀県工業技術総合センター］

　同センターは，県からプロジェクトに参加する地元企業５社の活動をサポートすることを依頼され，活動に参加していた。具体的には参加企業それぞれの強みをいかした製品デザインの提案や用いる材質の選定などの活動である。担当の職員は井上仏壇の製品開発についてもサポートし，彦根仏壇の漆塗りの技術を活用した生活雑貨（ビアカップ，焼酎カップ，ぐい飲み，皿）

といったものを提案した。なお，これらのものにはすべて色漆が用いられており，プロジェクトではそれらのなかから冷酒カップが販売された。

[滋賀県内の企業5社]

　滋賀県内の企業5社は，県の伝統工芸をブランド化するという趣旨に賛同し，プロジェクトに参加することになった。彦根仏壇を手がける井上仏壇のほかには信楽焼や木珠，近江の麻，浜ちりめんといった伝統産業で活動している企業である。製品については，各企業がマザーレイク全体の会議でメンバーそれぞれの意見を取り入れながら開発を進めていった。井上仏壇もほかの参加企業と同様，会議でメンバーそれぞれの意見を取り入れながら製品開発を進めていった。具体的にはメンバーの意見を踏まえたうえで，カップやプレートといった製品カテゴリーは井上が提案し，詳細なデザインはセンターの職員が担当するという役割分担が行われ，製品開発が進められていった。

　ここでは，プロジェクトの全体像について井上仏壇と参加メンバーとの関係を中心にみてきた。そのほかにもプロジェクトには滋賀県中小企業団体中央会[6]やデザイナー[7]など，さまざまなアクターが参加していた。次に，井上仏壇の製品開発体制について確認する。

2.2　マザーレイクプロジェクトにおける井上仏壇の製品開発体制

　ここでは，井上仏壇がプロジェクトでの製品開発において構築したアクターとの関係について確認する。表4.1はプロジェクトにおける井上仏壇の製品開発体制を示したものである。

　井上仏壇が冷酒カップを開発するにあたり，特に重要となったアクターは滋賀県工業技術総合センター，滋賀県外で活動する挽き物屋，漆塗師のN氏である[8]。井上は製品を開発するにあたり，「木と漆」の組み合わせをいかしたものをつくりたいと思っていた。これは，同時期に開発を進めていた彦根仏壇

表4.1 製品開発の主要メンバーとその役割

事業者	主な役割
井上仏壇	事業主体
滋賀県工業技術総合センター	製品デザインの提案
挽き物屋 （県外）	木地（カップ）の製造，下地（ウレタン塗装）
N氏 （彦根仏壇の漆塗師）	色漆（グレー）の調合，漆塗り，乾燥
漆屋 （県外）	漆の精製，色漆（ブラック）の調合
参加企業4社	製品開発に対するアドバイスの提供
県内の大学教員	製品開発会議のまとめ役

※当該表は井上仏壇へのインタビューをもとに筆者が作成。

の漆塗りの技術を活用したカフェ用品（のちの「chanto」）の対外的な評価に手ごたえを感じていたためである。プロジェクトでは参加者による製品の開発会議が開催されるが，井上はその会議でほかの参加企業などからの意見も取り入れつつ，製品開発を進めていった[9]。このとき，会議に参加していた滋賀県工業技術総合センターの担当職員は井上のアイディアを製品のデザインに落とし込み，井上にデザイン案を提案した。その際，職員が井上に提案したデザイン案は4つ[10]あり，それらにはお酒に関連するアイテムという共通点があった。

　このように，製品の具体的な方向性が明確になると，井上は製品（試作品）の製作を依頼するようになる。製品（試作品）自体はシンプルなものであり，木地と漆塗りという2つの工程で完成するため，依頼先は挽き物屋[11]と漆屋，漆塗師である。挽き物屋と漆屋は県外で活動しているアクターであり，漆塗師は彦根仏壇の職人である。井上はこれらのアクターに製造協力を依頼し，最終的に出来上がった試作品4点のなかから冷酒カップを販売することを決め，製品（冷酒カップ）は2012年3月に販売されることになった。

2.3　マザーレイクプロジェクトの開始から冷酒カップの販売までのあゆみ

　ここでは，プロジェクトの開始から冷酒カップの販売までのあゆみについ

て確認する。表4.2は，プロジェクト開始のきっかけから冷酒カップの販売までのあゆみを示したものである。

表4.2　マザーレイクプロジェクトの開始から冷酒カップの販売までのあゆみ

年	月（時期）	主な出来事
2010年	夏ごろ	マザーレイクプロジェクト（以下，プロジェクト）開始[12] 滋賀県の担当者とコーディネーター役の大学教員が県内の企業を視察し，現状を把握 県の担当者と大学教員が井上仏壇にプロジェクトへの参加をオファー（非公式：8月ごろ）
	秋ごろ	県の担当者と大学教員が井上仏壇にプロジェクトへの正式な参加をオファー，同店のプロジェクトへの参加が正式に決定 （参加企業・教員[13]らとの顔合わせ）
2011年	4月	同店が製品開発を開始
	8月	試作品4点が完成 （冷酒カップ，ビアカップ，焼酎カップ，皿）
	11〜12月	県から冷酒カップの発注を受ける （試作品4点のうち，冷酒カップの製品化を決定）
2012年	3月	マザーレイク商品モデル展示会を開催 （滋賀県大津市） 冷酒カップの販売を正式に開始 県に冷酒カップを販売

注）表の内容については井上仏壇からみたあゆみである点には注意が必要である。
※当該表は井上仏壇へのインタビューおよび同店提供資料をもとに筆者が作成。

　前述したように，このプロジェクトは県内の伝統工芸をブランド化したいという思いからはじまったものである。プロジェクトをはじめるにあたり，滋賀県は県内の大学教員をコーディネーターとして招聘し，この教員とともに県内の伝統産業に携わる企業を訪問していった。このときの訪問先は，県内の伝統産業に携わっていることに加え，新たな取り組みに挑戦している企業である。この訪問ののち，県と大学教員はプロジェクトの趣旨に賛同する企業を募った。その結果，井上仏壇を含む5社がプロジェクトに参加することになった。井上仏壇については，以前から県の補助金を活用し，「chanto」を開発・販売していたため，県は同店の活動実績についてある程度把握して

いた。そのこともあり，県の担当者とこの大学教員は2010年8月ごろに井上仏壇へ出向き，プロジェクトへの参加をオファーしたのである。井上はこのオファーを受け，プロジェクトに参加することになる[14]。

　井上仏壇が製品開発を開始したのは翌年の4月である。その後，会議での打ち合わせを経て，4ヵ月後の8月には試作品4点を完成させた。このときは試作品として冷酒カップ，ビアカップ，焼酎カップ，皿といったものがつくられていた。その後，2011年11〜12月に県の広報課から冷酒カップの発注を受けた[15]ことをきっかけに，井上は試作品のなかから冷酒カップをマザーレイクの製品にすることを決定した。県による発注は，対外的なPR活動を行うためであり，井上仏壇以外の参加企業も県からの発注を受けている。

　2012年には参加企業の製品開発が完了したことを受け，「マザーレイク商品モデル展示会」を滋賀県大津市のびわ湖ホール研修室で開催した[16]。このときから製品の販売が正式に開始されるようになる。また，井上仏壇が前年に県から発注を受けた冷酒カップを販売したのもこの時期である。このようにして，井上仏壇はマザーレイクプロジェクトに参加した2010年の秋ごろから2012年3月という約1年半の間に製品を販売するに至ったのである[17]。

3.　冷酒カップの製品特性

　本節では，冷酒カップの製品特性についてみていく。具体的には冷酒カップの製品概要や製造工程，コラボレーション製品としての強みと課題について確認する。

3.1　冷酒カップの製品概要

　ここでは，冷酒カップの製品概要について確認する。表4.3は冷酒カップの製品概要を示したものである。

表4.3　冷酒カップの製品概要

製品名	価格（円）	製造期間（週）	伝統技術
			漆塗り
冷酒カップ	8,000	9 〜 14	○

注1）価格は税別。
注2）当該表における製造期間の数値は大まかなものであり，あくまで目安である点には注意が必要である。
注3）製造期間は予備日を含んだものである。
※当該表は井上仏壇へのインタビューをもとに筆者が作成。

　この製品は，木地工程と塗装工程を経てつくられる。ただし，木地工程と塗装工程の一部（下地）は県外で活動する挽き物屋が担当しているため，彦根仏壇の伝統技術は活用されていない。これに対し，そのほかの塗装工程については彦根仏壇の漆塗師であるN氏と漆屋が担当しており，前者の担当部分については彦根仏壇の漆塗りの技術が活用されている。そのため，ここでは製品の概要について，彦根仏壇の漆塗師であるN氏が担当している塗装工程を中心に確認する。

［冷酒カップ］

　この製品の特徴は色漆と艶無し加工にある。冷酒カップに用いる色漆（艶無し加工）を取り上げるにあたり，漆塗師と漆屋の区別を明確にすることが重要になる。一般的に，漆塗師とは製品に塗る漆を調合し，塗り，乾燥するという工程を担当する職人のことを指す。これに対し，漆屋とは漆塗師から依頼を受けた漆を精製するという役割を担っている[18]。そのため，塗装工程においては漆塗師が漆屋に発注した漆を調合し，漆塗りを施し，乾燥させるという流れになる。冷酒カップの例でいえば，彦根仏壇の漆塗師であるN氏が県外の漆屋に漆を発注し，その漆に必要な顔料を加えた色漆をカップに塗り，乾燥させるという流れで工程が進んでいく。ただし，一部の色漆については漆屋が調合している。冷酒カップの場合，色はグレーとブラックのため，ベースになる色漆はそれぞれ白漆と黒漆である[19]。

　次に，製品の概要を述べるにあたり艶無し加工が重要になるので，それに

ついて説明する。艶無し加工とは漆に油を入れないことである。冷酒カップのケースでは，漆屋が漆の精製過程で油を入れず，その漆を彦根仏壇の漆塗師であるN氏に送付している[20]。冷酒カップに艶無し加工の色漆を用いることは，マザーレイクの会議で「chanto」とは異なる色漆を用いることを提案されたためである。そのような意見を受け，井上は色漆の新たな可能性を見出すためにも艶無し加工を施した色漆を用いることを決定した。なお，艶無し加工を施した色漆を製品に用いたのは井上仏壇にとってはじめての試みであった[21]。

3.2　冷酒カップの製造工程

　井上仏壇はプロジェクトにおいて4種類の試作品を製作しているが，実際に製品化されたのは冷酒カップのみであるため，ここでは冷酒カップの製造工程についてみていく。なお，この製品は木地と塗装の工程を経て完成するため，ここではそれらの工程について確認する。図4.2は冷酒カップの具体的な製造工程を示したものである。

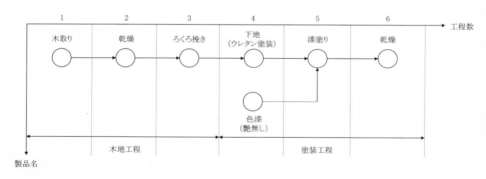

図4.2　冷酒カップの製造工程

注1）下地と色漆の工程はほぼ同じ時期に進められている。
注2）木地と下地の工程は，県外で活動する挽き物屋が担当している。ただし，下地の工程は本来，漆塗師が担当するものである点には注意が必要である。
注3）ここでは，塗装工程を「下地，色漆の調合，漆塗り，乾燥」という一連の活動としてとらえている。
※当該図は井上仏壇へのインタビューをもとに筆者が作成。

最初に，製造工程全体の流れについて確認する。井上仏壇は冷酒カップを製造するにあたり，県外で活動する挽き物屋に木地と下地の工程を依頼している。挽き物屋は，木地工程でカップを製造，下地工程でウレタン塗装を施す。そして，下地工程とほぼ同時期に彦根仏壇の漆塗師であるN氏と漆屋が漆に顔料を入れ，色漆を調合する。その後，色漆をカップに塗装，乾燥させることで冷酒カップは完成する。これらの内容を踏まえ，ここでは冷酒カップの製造工程について木地工程（カップの製造：木取り，乾燥，ろくろ挽き），塗装工程（下地，色漆の調合，漆塗り，乾燥）の順にみていく[22]。

　木地工程については，県外で活動する挽き物屋が担当しているため，彦根仏壇の木地の技術は活用されていない。この工程は大きく木取り，乾燥，ろくろ挽き[23]の順で進められる。木取りは木をブロック状に切断することであり，その方法には縦木取りと横木取りがある[24]。前者は「樹木を輪切りにして薄い切り株状にし，形に切る方法」であり，後者は「木を縦にしてスライスし，厚い板状にしてから形に切る方法」のことである（加藤監修，2014:75）。冷酒カップの場合は縦木取りが用いられている。木取りの後は専用の乾燥機で2週間，その後，常温でもう2週間乾燥させ[25]，ろくろを挽いてカップの形に仕上げていく。

　木地工程を終えると，下地（ウレタン塗装）の工程に進んでいく。冷酒カップの製造における下地とはウレタンを下地として木材に塗装する工程である。これには木材の木目を埋め，表面をなめらかにすることで漆を塗る際に木目を浮き出たせないようにするという目的がある。井上仏壇は木地と下地の工程については県外で活動する挽き物屋に依頼している。

　また，下地の工程とほぼ同時期に，色漆の調合が行われる。前述したように，冷酒カップの特徴は色漆にあるため，ここでは色漆の調合を中心にみていく。冷酒カップの場合，彦根仏壇の漆塗師であるN氏や漆屋が艶無し加工を施した漆に顔料を入れることで色漆を調合している。冷酒カップに用いられている色漆はグレーとブラックであり，漆塗師であるN氏がグレーを，漆屋がブラックを調合している。こうしてできた色漆を前述したカップに塗り，

乾燥させることで冷酒カップは完成する。

3.3　コラボレーション製品としての強みと課題

　ここでは，冷酒カップのコラボレーション製品としての強みと課題について述べる[26]。コラボレーション製品としての冷酒カップの強みは，それまで用いてこなかった艶無しの色漆を取り入れたことにある。井上は「chanto」では艶有りの色漆を用いていた。当時，井上は「chanto」を開発・販売しており[27]，その色づかいなどは国内外から高く評価されていた。そのような評価を受けていたにもかかわらず，井上はあえて「chanto」とは異なる艶無しの色漆を用いることを決定し，製品化を進めた。これは，それぞれ異なる産業で活動する企業などがマザーレイクというチームで製品開発会議を重ね，製品の開発を進めていたことが大きい。井上が「会議のなかで『艶無し加工を施した色漆を使っても面白いのでは』という意見が出て，開発してみた」[28]というように，異業種の企業などからのアドバイスを取り入れることで，艶無しの色漆を用いた製品が開発された。結果として，冷酒カップは「chanto」と同様に一定の数量を売上，製品としての成果をある程度収めているといえる[29]。

　このように，井上仏壇はプロジェクトにおいて冷酒カップを開発・販売し，一定の成果を収めてきたが，一方で課題も存在していた。それは冷酒カップという製品自体のコンセプトを明確にできなかったということである。井上は，プロジェクトにおいてどのような製品コンセプトを設定すればよいのかを掴みきれないまま製品開発を進めていた[30]。これにはプロジェクトそのものが参加企業個々の活動のもとに行われていた傾向が強いことが影響している。もともと，このプロジェクトは県の伝統工芸をブランド化するという思いからはじまったものであり，参加企業はそれぞれ異なる伝統産業で従事しているアクターである。そのため，企業間で統一した製品コンセプトを設定し，そのコンセプトに沿って各企業が製品開発を進めるということは困難であったと考えられる。このような課題が存在していたものの，井上は会議で

出た意見を取り入れ，艶無しの色漆を使用するなど新たな試みを行うことで
製品のクオリティを維持した製品開発を行っていた。

4. おわりに

　本章では，井上仏壇のプロジェクトにおける冷酒カップの製品開発につい
て概観した。最初に，プロジェクトの概要（プロジェクトの全体像，同店の
製品開発体制，プロジェクトの開始から販売までのあゆみ）について確認した。
次に，冷酒カップの製品特性（製品概要，製造工程，コラボレーション製品
としての強みと課題）について確認した。

　井上はプロジェクトにおいて，「chanto」のときとは異なり，艶無しの色
漆を用いた製品開発を進めていた。冷酒カップとほぼ同時期に開発していた
「chanto」には艶有りの色漆が用いられており，その色づかいなどが国内外
から高く評価されていた。そのような評価を受けていたにもかかわらず，井
上は冷酒カップにはあえて艶無しの色漆を使用することを決定し，製品開発
を進めたのである。艶無しの色漆を用いることは井上にとってはじめての試
みであったが，「chanto」と同様に製品は一定の売上を記録しており，結果
として色漆のバリエーションが異なる製品開発を行うことができた。

　このように，井上は冷酒カップについて一定の成果を収めたものの，一方
で製品コンセプトを明確にできなかったという課題も存在していた。これは
プロジェクトそのものが参加企業個々の活動のもとに行われていた傾向が強
く，チームとしての統一した製品コンセプトを設定することが困難であった
ためである。このような課題も存在していたものの，前述したように井上は，
会議に参加しているメンバーの意見を取り入れ，艶無しの色漆を使用するな
どして製品そのもののクオリティを維持するという方向で対応していった。

注

1）井上仏壇がこのプロジェクトで製造した製品は，「chanto」と同様に「木と漆」を組み合わせたものであるが，製品コンセプトにおける両者の共通点はその点のみであり，あくまでも「chanto」とは別の製品である点には注意が必要である（2019年4月10日，井上仏壇代表井上昌一へのインタビューによる〔100分，「井上仏壇の『chanto』とマザーレイクプロジェクトにおける製品の違いについて」ほか〕）。

2）本節における記述は2019年4月10日，5月13日，井上昌一（井上仏壇代表）へのインタビューをもとにしたものである（100分〔4月10日〕，130分〔5月13日〕，「井上仏壇からみたマザーレイクプロジェクトの概要について」ほか）。

3）ただし，ここで取り上げているのはマザーレイクプロジェクトに関わった主要メンバーであり，そのほかにもさまざまなアクターが参加している点には注意が必要である。

4）ただし，井上によれば，現在プロジェクトチームは発展的解消の状態にあるという（2019年6月20日，井上仏壇代表井上昌一へのインタビューによる〔94分，「マザーレイクプロジェクトにおけるチームの現状について」ほか〕）。

5）ただし，井上仏壇については滋賀県と大学教員が2010年8月ごろに店に出向いてプロジェクトへの参加を非公式な形でオファーしている。これは，井上仏壇の場合，以前に県の補助金を活用して「chanto」を開発・販売していることから，滋賀県が同店の活動実績をある程度把握していたためである（2019年4月10日，井上仏壇代表井上昌一へのインタビューによる〔100分，「井上仏壇のマザーレイクプロジェクトへの参加経緯について」ほか〕）。

6）このアクターはマザーレイクプロジェクトの製品開発会議に出席していた。

7）井上仏壇を含む参加企業とこのデザイナーとの関係についてはマザーレイクの「補足1」で記述している。

8）漆屋も漆の精製や色漆（ブラック）の調合を担当しているが，ここでは「彦根仏壇の伝統技術の活用」といった点を重視しているため，記述していない。

9）ここでの会議では，参加企業の強みをいかした製品を開発するための話し合いが行われていた。参加企業はそれぞれ異なる分野で活動しているため，他社から提案された製品案について製品そのものよりもその方向性について確認することが主な目的になっていた（2019年4月10日，井上仏壇代表井上昌一へのインタビューによる〔100分，「マザーレイクプロジェクトにおける製

品開発会議について」ほか〕)。

10) 冷酒カップ以外のものとしてはビアカップ，焼酎カップ，皿が候補に挙がり，試作品がつくられていた。

11) 挽き物とは「ろくろや旋盤で回転させた木材の表面を刃物で削り，椀，盆など円形のものに加工する（挽く）技術，または製品」のことである（久野監修・萩原著，2012:28）。なお，久野監修・萩原著では，「挽物」と表記されている（久野監修・萩原著，2012:28）が，ここでは「挽き物」と表記している。

12) ここでは，滋賀県と大学教員が県内の企業に対する視察をはじめた時期をプロジェクトの開始期ととらえている。ただし，プロジェクトとしての正式な活動は2012年4月からはじまっている点には注意が必要である。

13) この顔合わせではコーディネーター役の大学教員のほかに，同僚の教員も複数参加していた。

14) 正確には，滋賀県とこの大学教員が2010年8月ごろに井上仏壇に非公式な形でオファーし，同店への正式なオファーを提示したのはこの年の秋ごろである（2019年5月13日，井上仏壇代表井上昌一へのインタビューによる〔130分，「マザーレイクプロジェクトにおける井上仏壇へのオファーの時期について」ほか〕)。

15) このときの冷酒カップの受注数は25であり，送り先は滋賀県知事であった（2019年5月13日，井上仏壇代表井上昌一へのインタビューによる〔130分，「冷酒カップの滋賀県からの発注数および送り先について」ほか〕)。

16) このときの開催概要は次の通りである。主催：滋賀県，日時：2012年3月16日午後，場所：びわ湖ホール研修室，内容：①基調講演，②商品発表＆パネルディスカッション（コーディネーターと作り手である参加企業5社），コメンテーター（基調講演の講師），（井上仏壇提供資料より)。

17) この期間は井上仏壇がマザーレイクプロジェクトの正式な参加のオファーを受けた時期（2010年の秋ごろ）から製品が販売されるまでの時期（2013年3月）である。

18) 冷酒カップの場合，基本的に漆屋は「透漆」までの工程および色漆（ブラック）の調合を担当し，彦根仏壇の漆塗師であるN氏は色漆（グレー）の調合や塗装，乾燥といった工程を担当している（2019年5月13日，井上仏壇代表井上昌一へのインタビューによる〔130分，「冷酒カップにおける漆屋と彦根仏壇の漆塗師であるN氏，それぞれの役割について」ほか〕)。

19) 2019年5月13日，井上昌一（井上仏壇代表）へのインタビューによる（130分，「冷酒カップのベースになる色漆について」ほか)。

20）冷酒カップの場合，彦根仏壇の漆塗師であるＮ氏が漆屋に漆を精製する際に油を入れないよう依頼している（2019年5月13日，井上仏壇代表井上昌一へのインタビューによる〔130分，「冷酒カップにおける彦根仏壇の漆塗師であるＮ氏と漆屋の関係性について」ほか〕）。

21）艶無し加工を施した色漆を用いたことについて，井上は「製品自体がシックになっている」と評価している（2019年5月13日，井上仏壇代表井上昌一へのインタビューによる〔130分，「冷酒カップの製品イメージについて」ほか〕）。

22）冷酒カップの各製造工程における製造期間は以下の通りである。木取り：1週間，乾燥（1回目）：2〜4週間，ろくろ挽き：1週間，下地（ウレタン塗装）：3週間，色漆の調合（艶無し）：1〜4週間，漆塗り（1日），乾燥（2回目）：2〜4週間（2019年7月4日，井上仏壇代表井上昌一へのインタビューによる〔68分，「冷酒カップの各製造工程における製造期間について」ほか〕）。ただし，これらの期間についてはすべて大まかなものであり，あくまでも目安である点には注意が必要である。

23）加藤監修では，ろくろ挽きの工程について「木材の繊維の方向にそって，鉋とよぶ刃物を当てて成形する」と説明されている（加藤監修，2014：77）。なお，加藤監修では「轆轤挽き」と表記されている（加藤監修，2014：77）が，ここでは「ろくろ挽き」と表記している。

24）久野監修・萩原著（2012：28）。

25）常温で2週間乾燥させるのは，漆の色を安定させるためである（2019年10月18日，井上仏壇代表井上昌一へのインタビューによる〔120分，「乾燥と漆の色の安定との関係について」ほか〕）。

26）ここでの記述は2019年6月20日，井上昌一（井上仏壇代表），井上隆代（同店取締役）へのインタビューをもとにしたものである（94分，「冷酒カップのコラボレーション製品としての強みと課題について」ほか）。

27）「chanto」の正式販売は2011年8月であり，冷酒カップの製品開発・販売といった活動は大まかにいえばその時期の前後に行われている。

28）2019年6月20日，井上昌一（井上仏壇代表）へのインタビューによる（94分，「艶無し加工を施した色漆を冷酒カップに用いたきっかけについて」ほか）。

29）2019年5月13日，井上昌一（井上仏壇代表）へのインタビューによる（130分，「冷酒カップの売上について」ほか）。なお，冷酒カップの販売数については第5章の補足1で記述している。

30）ただし，前述したように，井上は冷酒カップについて「お酒に関するアイテム」

という大まかな製品コンセプトは設定していた（2019年6月20日，井上仏壇代表井上昌一へのインタビューによる〔94分，「冷酒カップの製品コンセプトについて」ほか〕）。

参考文献

加藤寛監修，2014，『図解 日本の漆工』東京美術。
久野恵一監修・萩原健太郎著，2012，『民藝の教科書③ 木と漆』グラフィック社。

補足1. マザーレイクプロジェクトにおける井上仏壇の冷酒カップ販売後のあゆみ

　ここでは，第4章で取り上げることのできなかったプロジェクトにおける井上仏壇の冷酒カップ販売後のあゆみについてみていく。井上仏壇がプロジェクトに積極的に関わっていたのは2014年3月までであり，ここでは同店の冷酒カップ販売後からその時期までの出来事について確認する。表補4.1はプロジェクトにおける同店の冷酒カップ販売後のあゆみを示したものである。

表補4.1　マザーレイクプロジェクトにおける井上仏壇の冷酒カップ販売後のあゆみ

年	月	主な出来事
2012年	6月	滋賀県内の温泉旅館での委託販売を開始
2013年	3月	「マザーレイクの仕事展」を開催 （愛知県名古屋市，名古屋三越百貨店内）
	5月	滋賀県甲賀市のギャラリー1)で展示会「マザーレイク展」を開催 （滋賀県甲賀市，gallery mamma mia）
	6〜10月	デザイナーとのコラボレーション製品（試作品）を開発
2014年	3月	「KIGI の KIKO」発表会を開催 （東京都渋谷区，gallery ON THE HILL：発表は信楽焼の器のみ） 「Mother Lake Soup展」を開催 （滋賀県大津市）

※当該表は井上仏壇へのインタビューおよび同店提供資料をもとに筆者が作成。

井上仏壇は，冷酒カップを販売して３ヵ月後の2012年６月に滋賀県内の温泉旅館（以下，旅館）での委託販売を開始している。この旅館はプロジェクトに興味を示しており，2011年６〜10月ごろにかけてオブザーバーとしてプロジェクト内の製品開発会議に参加していた。そのような経緯があってこの旅館は冷酒カップの委託販売を決定したのである。

　翌年の2013年３月には愛知県名古屋市の名古屋三越百貨店内で「マザーレイクの仕事展」を開催した。この展示会に向け，井上は冷酒カップの色漆について琵琶湖を連想させる色を使用することを決定した。このときに開発された色はブルー，グリーン，ピンクの３色であり，すべて艶無し加工が施されている[2]。

　2013年５月には，滋賀県甲賀市のギャラリーで「マザーレイク展」を開催している。このような展示会の活動と同時期に井上仏壇を含む参加企業（５社）は，新たな製品開発を進めていくことになる。それが，同年６〜10月にかけて行われたデザイナーとのコラボレーション製品（試作品）の開発である。井上仏壇についてもこの時期にデザイナーとコラボレーションした試作品を開発している。このデザイナーは，プロジェクトでコーディネーターを務めている県内の大学教員との対談をきっかけにプロジェクトに参加するようになり，プロジェクトに参加しているすべての参加企業とコラボレーション製品（試作品）を製作していった。井上仏壇もこのデザイナーとコラボレーションし，試作品を製作している。この試作品の器は木取り，ろくろ挽き，乾燥の順で工程が進められている。本来であれば木のゆがみを防ぐために木取り，乾燥といった順で工程を進めるが，この試作品はアート性が強いものであるため，あえて木のゆがみを特性としていかすために乾燥の前にろくろ挽きの工程を入れている。これらの工程ののち，冷酒カップのときと同様，ウレタンでの下地塗装，色漆の調合，漆塗り，乾燥といった工程を経て試作品は完成する。ただし，この方法では前述したように，木のゆがみが試作品ごとに異なる仕様になるため，井上は量産化は難しいと判断し，製品化は実現しなかった[3]。

参加企業のなかにはこのデザイナーとコラボレーションした試作品をつくり，発表会を開催するレベルにまで進んだものもある。それが2014年3月に開催された「Mother Lake Products『KIGIのKIKO』発表会（以下，「『KIGIのKIKO』発表会」）である。この発表会は東京都渋谷区にあるギャラリーで開催され，信楽焼の器（試作品）の発表会が行われた。また，この発表会と同時期に滋賀県大津市で「Mother Lake Soup展」も開催されている。これは，琵琶湖の湖畔にあるレストランでスープを食してもらうというイベントである。このイベントの特徴は，参加者にプロジェクトに参加している企業の製品を選んでもらい，スープを食してもらう点にある。このイベントには前述した「『KIGIのKIKO』発表会」で発表した信楽焼の器（試作品）のほか，井上仏壇からは「chanto」といった製品も提供していた。なお，このイベントでは，ほかの参加企業の製品の展示販売も行われていた。

注

1）このギャラリーは小学校を改築したものである（2019年5月13日，井上仏壇代表井上昌一へのインタビューによる〔130分，「ギャラリーの建物について」ほか〕）。

2）ブルーは琵琶湖，グリーンは琵琶湖のそばにある新緑，ピンクは琵琶湖のそばにある桜の木をイメージしている（2019年5月13日，井上仏壇代表井上昌一へのインタビューによる〔130分，「名古屋の展示会における冷酒カップの色の由来について」ほか〕）。また，この展示会では「chanto」も展示販売していた。

3）この点について井上は「試作品自体は非常にクオリティが高く，面白い。アート作品として一点ものであれば製品化してみたいとの思いを抱いている」と述べている（2019年5月13日，井上仏壇代表井上昌一へのインタビューによる〔130分，「デザイナーとのコラボレーション製品（試作品）について」ほか〕）。なお，この試作品の開発期間は20週間程度（2013年6〜10月にかけての時期）であり，試作品にはブルーの色漆が用いられている。

補足2. マザーレイクプロジェクトにおける井上仏壇の試作品

　第4章で述べたように，井上仏壇はプロジェクトにおいて製品化した冷酒カップのほかにも試作品を4点製作していた。ここでは，それらの試作品について確認する。表補4.2は，井上仏壇がプロジェクトにおいて開発した試作品の概要を示したものである。

表補4.2　マザーレイクプロジェクトにおける井上仏壇の試作品の概要

製品名（試作品）	価格（円）	製造期間（週）	伝統技術
			漆塗り
ビアカップ	17,000	9〜14	○
焼酎カップ	8,200	9〜14	○
皿	9,400	9〜14	○
大皿	—	9〜14	○

注1）価格は試作品完成時に製品を販売した場合（税別）の仮定として設定されたものである。なお，大皿については当初から価格設定はなされていない。
注2）当該表における製造期間の数値はすべて大まかなものであり，あくまで目安である点には注意が必要である。
注3）製造期間は予備日を想定したものである。
※当該表は井上仏壇へのインタビューをもとに筆者が作成。

　これらの試作品のうち，ビアカップ，焼酎カップ，皿の3点と大皿は製品としての性質が異なっている。まず，ビアカップ，焼酎カップ，皿についてはプロジェクト当初からのメンバーである滋賀県工業技術総合センターの担当職員が製品デザインを手がけている。これに対し，大皿は冷酒カップの販売後にデザイナーとのコラボレーションにより製作されている。前者はある程度の量産化を前提としたうえで開発されたものであるのに対し，後者は一点もののいわゆるアート性を前面に押し出すというスタンスで開発されたものである。
　また，製造工程についても両者は異なっている。そのため，ここでは両者の製造工程[1]について確認する。図補4.1は，プロジェクトにおける井上仏

壇の試作品の製造工程を示したものである。

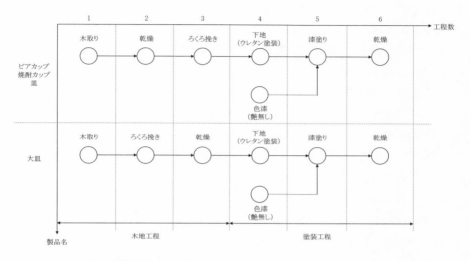

図補4.1　井上仏壇の試作品の製造工程

注1）下地と色漆の工程は，ほぼ同じ時期に進められている。
注2）木地と下地の工程は，県外で活動する挽き物屋が担当している。ただし，下地の工程は本来，
　　　漆塗師が担当するものである点には注意が必要である。
注3）ここでは，塗装工程を「下地，色漆の調合，漆塗り，乾燥」という一連の活動としてとらえ
　　　ている。
※当該図は井上仏壇へのインタビューをもとに筆者が作成。

［ビアカップ／焼酎カップ／皿］
　これらの試作品の製造工程は冷酒カップと同じである。具体的には木地工
程（カップの製造：木取り，乾燥，ろくろ挽き）と塗装工程（下地，色漆の調
合，漆塗り，乾燥）の工程を経て製造される。これらの試作品は，県外で活
動する挽き物屋が木地工程や下地（ウレタン塗装）を施す。そして，下地工
程とほぼ同時期に彦根仏壇の漆塗師であるN氏が色漆を調合し，塗装，乾燥
させることで完成する。なお，これらの試作品ではビアカップ，焼酎カップ
はカップの内側に，皿については表面全体に色漆が塗られている。

［大皿］

　大皿についても，大まかな製造工程は冷酒カップやビアカップ，焼酎カップ，皿と同じである。ただし，補足1で述べたように大皿についてはカップの製造工程が一部異なる。この試作品はカップを製造するにあたり，木取り，ろくろ挽き，乾燥の順で工程が進められる。ここでのポイントはろくろ挽きと乾燥が逆の順序で行われている点にある。通常，挽き物などを製造する際，ろくろ挽きの工程の前に木材の水分を抜いておく必要がある。これはろくろで形をつくる前に木材の水分を抜いておかないと形がゆがんでしまうためである。そのため，プロジェクトでの冷酒カップを含む最初の試作品には，すべてろくろ挽きの前に乾燥の工程が入れられている。

　これに対し，大皿ではろくろ挽きと乾燥を逆の順序で行うことであえてカップの形にゆがみが生じるように工夫されている。これは，そのゆがみ自体を製品の特徴とすることを目的としており，アート性を追求しているためである。なお，大皿についてはカップのフチのみに色漆が塗装されている。

注

1）試作品（ビアカップ，焼酎カップ，皿，大皿）の各工程における製造期間はすべて冷酒カップと同程度である（2019年7月4日，井上仏壇代表井上昌一へのインタビューによる〔68分，「冷酒カップと試作品（ビアカップ，焼酎カップ，皿，大皿）の製造期間について」ほか〕）。ただし，冷酒カップの場合と同様，これらの期間についてはすべて大まかなものであり，あくまで目安である点には注意が必要である。また，これらの期間には予備日も含まれている。

第5章

滋賀県内の酒造業者とのコラボレーション
──ぐい飲み

愛知酒造とのコラボ ぐい飲み

1. はじめに

　本章では，井上仏壇のぐい飲みに関する製品開発についてみていく。この製品は井上仏壇と同じ滋賀県内で活動する愛知酒造とのコラボレーションにより誕生した。ぐい飲みに関する一連の活動（以下，プロジェクト）は，井上仏壇にとってはじめての2者間でのコラボレーションである[1]。同店はこのプロジェクトを数ヵ月で行い，製品の販売についても一定の成果を上げている。ここではプロジェクトや製品特性について概観する。前者ではプロジェクトの全体像や販売までのあゆみについてみていく。後者では製品概要，彦根仏壇との関係性，製造工程，そして愛知酒造とのコラボレーションによって生み出された製品としての強みと課題についてみていく。

　以下，本章の構成について述べる。第2節では，プロジェクトの概要（プロジェクトの全体像，販売までのあゆみ）について確認する。第3節では，製品特性（製品概要，彦根仏壇との関係性，製造工程，コラボレーション製品としての強みと課題）について確認する。第4節では，本章のまとめについて述べる。

2. ぐい飲みプロジェクトの概要

　本節では，プロジェクトの概要についてみていく[2]。具体的にはプロジェクトの全体像やぐい飲みの販売までのあゆみについて確認する。

2.1　ぐい飲みプロジェクトの全体像

　ここでは，井上仏壇からみたプロジェクトの全体像について確認する。図5.1はプロジェクトの全体像を示したものである。具体的には井上仏壇と関連するアクターを大きく製品開発（デザイン／木地・下地，調合／漆塗り・

乾燥）とコラボレーション先である愛知酒造に分類し，それぞれのアクター
の活動について同店との関係を踏まえつつ概説する。

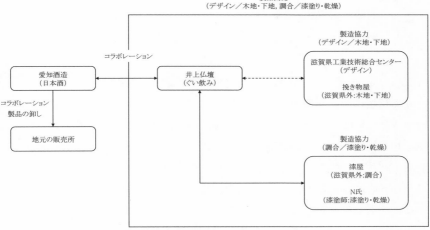

図5.1　ぐい飲みプロジェクトの全体像

注1）点線はぐい飲みに活用した木地はもともと井上仏壇が「マザーレイクプロジェクト（Mother Lake Project：以下 MLP)」[3] の冷酒カップ[4] 用に製造したものであり，このプロジェクトによる直接的な関係性をもたないことを示している。

注2）彦根仏壇の漆塗師であるN氏は井上仏壇の「chanto」や冷酒カップ，「INOUE」といった製品の塗装（含漆塗り）を担当した人物である。

注3）ぐい飲みに用いている色漆は，漆屋が調合までの工程を担当し，彦根仏壇の漆塗師であるN氏は漆塗りと乾燥の工程を担当している。

※当該図は井上仏壇へのインタビューをもとに筆者が作成。

［愛知酒造／地元の販売所］

　愛知酒造は明治初期に創業した滋賀県の酒造会社である。当時，愛知酒造
代表取締役社長である中村哲男の妻（以下，中村晃子）は大阪の通信関連会
社（以下，X社）に勤めており，その会社の社員として井上仏壇にコンタク
トしてきた。このとき，中村晃子は井上に同店の「chanto」をネット販売で
取り扱い，ビジネスをしたいという旨を伝えた。その際，中村晃子は井上に
「自分の夫が（井上仏壇と同じ）滋賀県で酒造業を営んでいる」という話をし

た[5]）。この話に対し，井上は同じ滋賀県内の企業でコラボレーションすることは面白い試みだという思いを抱いたため，両者の間でプロジェクトが開始されることになった。なお，ぐい飲みは愛知酒造の製造する日本酒とのセット販売であるため，井上仏壇ではなく愛知酒造で販売されている[6]。そのほかにも，同社はこのコラボレーション製品を地元の販売所に卸していた。

[製品開発（デザイン／木地・下地，調合／漆塗り・乾燥）]

　井上仏壇は製品を開発するにあたり，MLP用に製造していた冷酒カップの木地を再利用している。そのため，漆塗りを除く製品デザインや木地といった工程を担当しているのはMLPのときにつながりがあったアクターである。製品デザインは滋賀県工業技術総合センターの職員が担当している。また，木地と下地については滋賀県外で活動する挽き物屋が担当している。

　また，製品に塗装する漆については，ぐい飲み用に色漆を調合している。この作業を担当しているのは漆屋であり，漆塗りと乾燥の工程については，井上仏壇の「chanto」，冷酒カップ，「INOUE」といった製品の塗装（含漆塗り）を手がけた彦根仏壇の漆塗師であるN氏が担当している。井上は愛知酒造との打ち合わせで，MLP用に製造したぐい飲みの木地を再利用すること，塗装加工は製品にストーリー性を持たせるため「井伊の赤備え」にちなんだ朱漆を使用することを決定してから作業を依頼している。

2.2　ぐい飲みの販売までのあゆみ

　ここでは，ぐい飲みの販売までのあゆみについて確認する。表5.1は，プロジェクト開始のきっかけからぐい飲みの販売までのあゆみを示したものである。

　井上仏壇がぐい飲みを開発したきっかけは，2016年5月にX社が同店の開発した「chanto」をネット販売で取り扱いたいという依頼をしたことにはじまる。打ち合わせは5月からはじまり，6月に入るとX社の担当社員（当時）

表5.1　ぐい飲みの販売までのあゆみ

年	月	主な出来事
2016年	5月	大阪の通信関連会社(以下，X社)が「chanto」をネット販売したいと井上仏壇に依頼
	6〜7月	井上仏壇を訪れたX社の社員が「夫が滋賀県内で酒造業を営んでいる」と話し，そこから愛知酒造とのコラボレーション製品を開発することが決定する(6月)
		愛知酒造の代表とその妻が井上仏壇を訪れ，打ち合わせが実施される(6〜7月)
		この打ち合わせで，井上仏壇がMLP用に製造した冷酒カップの木地を活用することを決定する
		また，塗装する漆には「朱漆」を使用することにし，井上仏壇と漆塗師(N氏)の2者間で打ち合わせを実施する
	7月	日本酒とのセット販売を開始

※当該表は井上仏壇へのインタビューをもとに筆者が作成。

であった中村晃子の「夫が滋賀県内で酒造業を営んでいる」という話から，井上も「県内の企業同士でのコラボレーションは意外に少ないというイメージがあり，やってみたい」との思いを抱いたため，両者でコラボレーション製品の開発を行うことになった[7]。

　そして，6月のうちに愛知酒造代表である中村哲男とその妻，晃子は井上仏壇を訪れ，製品開発のための打ち合わせを実施した[8]。このとき，井上は中村夫妻に「chanto」のカップを見せ，日本酒に適したカップ(ぐい飲み)を開発することを提案した。カップを開発するにあたり，両者が重視したのが(1)日本酒がおいしそうにみえるような塗装であること，(2)実用的であること，であった。(1)はぐい飲みに注いだ日本酒が光って見えるようにすることであり，(2)は保湿性の高さや，実際に日本酒を飲むときの口当たりの良さなどである。また，漆の色については，彦根の「井伊の赤備え」にちなんで朱漆を使用することにした。

　このように，井上仏壇と愛知酒造とでぐい飲みの具体的な製品コンセプトが定まってくると，井上は「chanto」などで色漆などを担当した彦根仏壇の

漆塗師であるN氏と朱漆に関する詳細な打ち合わせをし，その後すぐに色漆の塗装を依頼した。そして，7月に愛知酒造の日本酒と井上仏壇のぐい飲みをセットにした製品の販売が開始された。

3. ぐい飲みの製品特性

本節では，ぐい飲みの製品特性についてみていく。具体的にはぐい飲みの製品概要や彦根仏壇との関係性，製造工程，コラボレーション製品としての強みと課題について確認する。

3.1 ぐい飲みの製品概要

ここでは，ぐい飲みの製品概要について確認する[9]。表5.2はぐい飲みの製品概要を示したものである。

表5.2　ぐい飲みの製品概要

製品名	価格[10]（円）	製造期間（週）	伝統技術
			漆塗り
ぐい飲み	8,000	9 ～ 14	○

注1）この製品は日本酒とセットで販売されており，表はぐい飲み単品での価格（税別）である。
注2）当該表における製造期間の数値は大まかなものであり，あくまで目安である点には注意が必要である。
注3）製造期間は予備日を含んだものである。
※当該表は井上仏壇へのインタビューをもとに筆者が作成。

この製品は，木地工程と塗装工程を経てつくられる。ただし，木地工程と塗装工程の一部（下地）については県外で活動する挽き物屋が，色漆の調合については漆屋（県外）が担当しているため，彦根仏壇の伝統技術は活用されていない。これに対し，そのほかの塗装工程については彦根仏壇の漆塗師であるN氏が担当しており，彦根仏壇の伝統技術が活用されている。ここで

は，製品に使用されている木材および色漆の特徴を中心に製品の概要について確認する。

[ぐい飲み]

　ぐい飲みの器には木材が用いられているが，それは木材の特性を考慮してのことである。木材は熱伝導が悪いため，持っても熱さを感じにくい。また，保温性が高いこともあり，ぐい飲みに限らず食器類全般に適した材質である。井上は，木材のこのような特徴を踏まえたうえで，木地に水目桜を使用している。これは，水目桜には木目が細かく，漆の仕上がりが良くなるというメリットがあるためである。

　このように，井上はぐい飲みを開発するにあたり，漆の仕上がり具合にも気を配っていた。これは漆の仕上がり具合がぐい飲みの特徴を決定づける大きな要因になるためである。ここでいう特徴とは日本酒がおいしそうにみえることであり，そのためには，前述したように漆の仕上がりが良くなる木地を用いることに加え，漆に艶有り加工を施すことが重要になる。これは，艶有り加工を施すことで光が製品に注がれた日本酒に反射し，日本酒がおいしそうに見えるという効果が生まれるためである。それ以外にも，漆は塗装の原料のなかでは粘度が高い（べっとりしている）ため，塗装が厚くなり，口触りも良くなるという効果も生まれている。

　井上はぐい飲みを開発するにあたり，これらの点に気を配ることで(1)日本酒が冷でもかんでも温度が変わりにくい，(2)日本酒が光に反射し，おいしそうに見える，(3)口触りが良くなる，などの特徴を生みだしていった。なお，漆自体については彦根藩のシンボルカラー（井伊の赤備え）にちなみ，朱漆を使用している。

3.2　ぐい飲みと彦根仏壇との関係性

　ここでは，ぐい飲みに活用されている彦根仏壇の伝統技術について確認する[11]。ぐい飲みには彦根仏壇の伝統技術のうち，漆塗りの技術が活用されて

いる。ぐい飲みに用いられている漆は色漆のなかでも朱漆とよばれるもので
ある。この朱漆は彦根仏壇の漆塗師であるN氏が漆屋に発注した漆（艶有り）
である。朱漆そのものは，仏壇などの製品に用いられることが多い。ただし，
井上はぐい飲みに朱漆を用いるにあたり，食器に適した特殊なものを用いて
いる。

　次に，重要なのが漆の反射度である。前述したように，井上はぐい飲みを
開発するにあたり，日本酒がおいしそうに見えるという点を重視した。日本
酒がおいしそうに見えるには日本酒が光に反射して輝くことが重要になる。
そのためには，漆に艶有り加工を施し，反射度を高める必要がある。艶有り
加工とは漆に油を入れることである[12]。もともと漆には油分が少なく，その
ままでは艶は生まれにくい。そのため，油を入れることで漆に艶を出すので
ある。艶の程度[13]は大きく消しなし，3分消し，5分消し，7分消し，全消
しに分けられる。この場合，1分＝10％の艶ととらえられ，たとえば3分消
しの場合100－30＝70％の艶があるとみなされる。全消しの場合は100－100
＝0％，すなわち艶無しということになる。ぐい飲みは消しなしであるため，
100－0＝100％の艶があり，最も艶の程度が高い加工が施されている。なお，
一般的な彦根仏壇の場合，金箔を貼る部分は5分消し程度，そのほかの部分
は消しなし，すなわち艶100％で加工が施されることが多い。

3.3　ぐい飲みの製造工程

　ここでは，ぐい飲みの製造工程についてみていく。この製品は1種類であ
り，完成に要する工程も木地と塗装の2つであるため，ここではそれらの工
程について確認する。図5.2はぐい飲みの具体的な製造工程を示したもので
ある。

　最初に，製造工程全体の流れについて確認する。ぐい飲みについても冷酒
カップのときと同様，図5.2にみられるように木地（カップの製造）のあとに
下地（ウレタン塗装）の工程を行っている。下地の工程とほぼ同時期に色漆

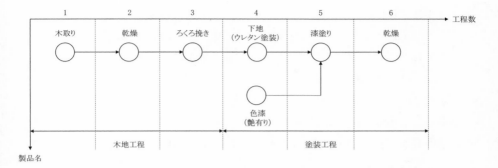

図5.2　ぐい飲みの製造工程

注1）下地と色漆の工程は，ほぼ同じ時期に進められている。
注2）木地と下地の工程は，県外で活動する挽き物屋が担当している。ただし，下地の工程は本来，漆塗師が担当するものである点には注意が必要である。
注3）ここでは，塗装工程を「下地，色漆の調合，漆塗り，乾燥」という一連の活動としてとらえている。
※当該図は井上仏壇へのインタビューをもとに筆者が作成。

を調合し，それを製造したカップに塗り，乾燥させることで製品は完成する。これらの内容を踏まえ，ここではぐい飲みの製造工程について木地工程（カップの製造：木取り，乾燥，ろくろ挽き），塗装工程（下地，色漆の調合，漆塗り，乾燥）の順にみていく。

［木地工程］
　木地工程ではカップの製造（木取り，乾燥，ろくろ挽き）が行われる[14]。カップを製造するには，最初に木取りとよばれる作業を行う必要がある。木取りとは木をブロック状に裁断することである。その後，ブロック状になった木材を専用の乾燥機で2～4週間ほど乾燥させる。ろくろで形を仕上げる前に乾燥させるのは，木材に含まれる水分を抜くことで製品化の際，木地の形がゆがむのを防ぐためである。そして，乾燥させた木材（ブロック）をろくろで挽き，カップの形に仕上げていく。

［塗装工程］

　塗装工程は大きく下地，色漆の調合，漆塗り，乾燥の順に行われる[15]。こ
こでは，最初に下地としてウレタン塗装を施すことが必要になる。これは，
下地にウレタン塗装を施すことにより，木地の耐久性が向上するだけでなく，
漆塗りの工程の際，木地への漆の吸い込み止めなどの効果が生まれるためで
ある。下地の工程とほぼ同時期に色漆を調合する作業に入るが，ぐい飲みで
は艶有りの色漆を用いているため，ここでは艶有りの色漆をつくる工程につ
いてもみていく。ぐい飲みの場合，漆屋が漆を精製する段階で油を入れ，そ
の漆に顔料を入れることで艶有りの色漆ができる。精製段階で漆に油を入れ
ることで艶が生まれ，ぐい飲みに注がれた日本酒が光り，おいしそうに見え
るという効果が生まれる。このようにしてできた色漆を木地に塗り，室とよ
ばれる漆用の乾燥室で2週間ほど乾燥，その後さらに2週間ほど常温で乾燥
させる[16]ことで製品は完成する。

3.4　コラボレーション製品としての強みと課題

　ここでは，ぐい飲みのコラボレーション製品としての強みと課題について
述べる[17]。コラボレーション製品としてのぐい飲みの強みは(1)統一コンセ
プトの共有のしやすさ，(2)顧客に対する製品の使い方の提案，にある。(1)
は井上仏壇と愛知酒造はともに県内で活動しているため，両者はコラボレー
ションするにあたり「井伊の赤備え」という地元にちなんだ製品コンセプト
を短期間で共有することができたことである。これにより，井上仏壇はぐい
飲みに用いる色漆を朱漆にすることを決定し，製品に歴史性を持たせること
ができ，かつ製品化への時間を短縮することが可能になった。(2)はぐい飲
みを日本酒とのコラボレーション製品にすることで，その使い方を顧客に提
案できるようになったことである。これにより，井上仏壇は「ぐい飲みを使っ
て日本酒を飲む」ということを顧客に提案できるようになった。

　このように，井上仏壇は愛知酒造とコラボレーションすることでぐい飲み
の製品としての強みをいかしてきたが，いくつかの課題も明らかになった。

それらは(1)製品のクオリティと価格設定，(2)コラボレーション相手の製品価格とのバランス，である。(1)は製品のクオリティと価格のどちらも色漆に関するものである。井上仏壇は色漆に関する工程を漆屋や彦根仏壇の漆塗師であるN氏に依頼しているため，製品のクオリティは高いものの，高価格であるという課題も存在している。ただし，類似製品との差別化を図るためには製品自体のクオリティも重要な要素であり，慎重な対応を必要とする課題である。(2)はコラボレーション相手である愛知酒造が提示している日本酒の価格と井上仏壇が提示しているぐい飲みとの価格のバランスに関わるものである。井上仏壇と愛知酒造はコラボレーション製品を開発するにあたって，日本酒とぐい飲みのセット販売を行うことを決定した際，製品同士の価格のバランスについても重視していた。その理由は両社の製品の価格差が大きくなると，顧客の側が価格の安い方の製品を高い方の製品のおまけのように感じてしまう可能性があるためである。そのようなことがないように，井上は愛知酒造のコラボレーション製品の価格に対する考えを尊重するというスタンスをとっていた。

4. おわりに

　本章では，井上仏壇のぐい飲みに関する製品開発について概観した。最初に，プロジェクトの概要(プロジェクトの全体像，販売までのあゆみ)について確認した。次に，ぐい飲みの製品特性(製品概要，彦根仏壇との関係性，製造工程，コラボレーション製品としての強みと課題)について確認した。

　このプロジェクトは井上仏壇が単独で行ったわけではなく，同じ滋賀県内で活動する愛知酒造と共働で進めたものである。井上はプロジェクトで大きな利益を上げることを目的としていたのではなく，同じ滋賀県内で活動する地元企業とのコラボレーションそのものに興味を抱いていた[18]。これは井上の「彦根だけでなく滋賀県全体の産業の活性化にも寄与したい」という強い

思いによるものである。このような思いによりはじまったプロジェクトであるが，結果的に日本酒に興味がある人たちにも自分たちの存在をアピールすることができた。

　このように開発されたぐい飲みであるが，(1)製品のクオリティと価格設定，(2)コラボレーション相手の製品価格とのバランスといった課題を抱えていることも明らかになった。特に(2)のコラボレーション相手の製品価格とのバランスは，井上仏壇が愛知酒造とコラボレーションしたことにより生じた課題である。この課題に対し，井上は愛知酒造のコラボレーション製品の価格に対する考えを尊重するというスタンスをとることで対応していった。

注

1 ）ここでは，ぐい飲みプロジェクトの主体である井上仏壇と愛知酒造とを「2者間」と表記している。ただし，プロジェクトについては後述するようにさまざまなアクターが関わっている点には注意が必要である。

2 ）本節における記述は2019年 3 月11日，井上昌一（井上仏壇代表）へのインタビューをもとにしたものである（120分，「ぐい飲みプロジェクトの概要について」ほか）。

3 ）本章では，ぐい飲みに関する一連の活動を「プロジェクト」ととらえているため，ここではそれと区別するために「MLP」と表記している。

4 ）ここでは，冷酒カップとして製造したものをぐい飲みにも活用しているため，「カップ」と表現している。

5 ）2019年 3 月11日，井上昌一（井上仏壇代表）へのインタビューによる（120分，「井上仏壇と愛知酒造とのコンタクトのきっかけについて」ほか）。

6 ）なお，ぐい飲み単品としては井上仏壇でも販売されている。また，プロジェクトにおける井上仏壇と愛知酒造の製品以外に関する役割は次の通りである。井上仏壇：ストーリー背景のコンテンツ作成，愛知酒造：パンフレットや製品に同封する紙などの印刷業務（2019年 3 月11日，井上仏壇代表井上昌一へのインタビューによる〔120分，「ぐい飲みプロジェクトにおける製品以外に関する井上仏壇と愛知酒造の役割について」ほか〕）。

7 ）2019年 3 月11日，井上昌一（井上仏壇代表）へのインタビューによる（120分，「ぐ

い飲みプロジェクトをはじめたきっかけについて」ほか）。

8）このとき，井上は中村夫妻に「chanto」のカップを見せている。また，色漆（艶有り，艶無し）を塗装したカップに日本酒を注ぎ，日本酒の見栄えやカップの大きさなどをテストしていた（2019年3月11日，井上仏壇代表井上昌一へのインタビューによる〔120分，「コラボレーション製品の打ち合わせについて」ほか〕）。

9）ここでの記述は2019年3月11日，井上昌一（井上仏壇代表）へのインタビューをもとにしたものである（120分，「ぐい飲みの製品概要について」ほか）。

10）なお，ぐい飲みと日本酒のセット価格は11,602円である（価格は税込みで当時のもの）である（井上仏壇提供資料より）。

11）ここでの記述は2019年3月11日，井上昌一（井上仏壇代表）へのインタビューをもとにしたものである（120分，「ぐい飲みと彦根仏壇との関係性について」ほか）。

12）本章で後述するように，ぐい飲みの場合，漆屋が漆を精製するときに油を入れ，その漆に顔料を入れることで色漆がつくられている。

13）ただし，艶の程度や消しなどの意味内容は業界や扱う店舗によって違いがあるため，ここでは井上仏壇の艶有り加工のとらえ方に沿って記述している点には注意が必要である。

14）木地の具体的な製造期間は次の通りである。木取り：1週間，乾燥：2〜4週間，ろくろ挽き：1週間（2019年3月11日，井上仏壇代表井上昌一へのインタビューによる〔120分，「ぐい飲みの木地工程の製造期間について」ほか〕）。

15）塗装の具体的な製造期間は次の通りである。下地（ウレタン塗装）：3週間，色漆の調合（艶有り）：1〜4週間，漆塗り：1日，乾燥：2〜4週間（2019年3月11日，井上仏壇代表井上昌一へのインタビューによる〔120分，「ぐい飲みの塗装工程の製造期間について」ほか〕）。ただし，ぐい飲みの製造期間については大まかなものであり，あくまで目安である点には注意が必要である。

16）これは，色漆の色を安定させるためである。ただし，製品の品質には影響を及ぼさないため，納期の関係上，常温での乾燥を省略することもある点には注意が必要である。

17）ここでの記述は2019年3月25日，井上隆代（井上仏壇取締役）へのインタビューをもとにしたものである（20分，「コラボレーション製品としてのぐい飲みの強みと課題について」ほか）。

18）井上はぐい飲みで大きな利益を上げることは考えていなかったが，結果的に

は一定の成果を収めている。具体的にはコラボレーション製品として11個，単品として29個売り上げている（井上仏壇提供資料より）。

補足1．　井上仏壇の在庫管理（冷酒カップ・ぐい飲み）

　第4章，第5章では，井上仏壇の冷酒カップやぐい飲みについて主に製品開発の側面から概観した。これらの製品は木地と塗装の工程によりつくられているが，木地工程（カップの製造）と一部の塗装工程（下地）については共通であり，同じ工程を経ている。具体的には，冷酒カップを開発するときに発注したカップをぐい飲みのときにも使用しているため，同店は結果として効率的な在庫管理[1]のもとで製品開発を行っていたととらえることができる。

　そのため，ここでは井上仏壇の冷酒カップとぐい飲みの在庫管理を主に製品パフォーマンスの側面から確認する。なお，ここでは製品パフォーマンスについて製品の販売数・率という指標を用いて確認する。表補5.1は同店の冷酒カップとぐい飲みの製造数と販売数，販売率を示したものである。

表補5.1　冷酒カップとぐい飲みの製造数と販売数

製品名	製造数			販売数	販売率
	総数	試作品	製品		
冷酒カップ	50	5	45	31	0.69
ぐい飲み	50	1	49	40	0.82

注）販売率は「販売数／製造数（製品）」で算出している。なお，数値は小数点第3位を四捨五入している。
※当該表は井上仏壇へのインタビューおよび同店提供資料をもとに筆者が作成。

　井上は県外で活動する挽き物屋にカップの製造を依頼した。この挽き物屋はロット別生産[2]システムを採用しており，今回の場合，挽き物屋側は井上に「1ロット＝100個」が最小単位であることを伝えた[3]。井上はそれを了承，

実際にカップは100個製造された。MLPでは冷酒カップを開発し，そのとき
には総数の半分である50個を使用した。このときは，最初に艶無し加工を施
した色漆（グレーとブラック）を塗装した試作品を製作し，製品化した。そ
の後，名古屋三越百貨店内で行われた展示会に向け，新たな色漆（ブルー，
グリーン，ピンク：すべて艶無し）を塗装した試作品を開発した。これら一
連の活動における販売数は31個であり，製造数（製品）の約69％を売り上げ
ている。

　その後，ぐい飲みを開発したときには残りの50個を使用した。このときは，
艶有りの朱漆を塗装した試作品を開発し，製品はそのまま販売された。この
活動での販売数は40個であり，製造数（製品）の約82％を売り上げている。

　ここまで，井上仏壇の在庫管理と製品パフォーマンス（販売数・率）につ
いて確認した。井上は，もともとこれらの製品で大きな利益をあげることを
目指していたわけではない。事実，井上はカップの製造数も最小のロット数
に抑えている。ただし，製造したカップ（100個）を効率的に活用するため，
井上はそれらのカップを一度に使いきらないよう工夫した。この方法を実行
できたのは大きく2つの理由によると考えられる。その1つには，製品の特
性上，カップ自体が小型[4]であるため，在庫コストを低く抑えることができ
たためである。もう1つは，井上が「chanto」での経験からこのような製品
デザインには恒常的な需要が見込めると予測できたためである。

　このように，井上は製造したカップを2012年3月（冷酒カップ）と2016年
7月（ぐい飲み）[5]の2度にわたって活用した。これにより，井上は冷酒カッ
プのときに感じた製品の課題[6]をぐい飲みに反映させる時間を確保し，販売
数の増加（31個から40個へ増加）につなげたのである。

注

1）在庫とは「経済的な価値を有するものを貯めること」であり，在庫管理とは「在
　　庫に関する計画・統制を含む一連の管理活動」のことである（深山，
　　2006：104）。

2 ）ロット別生産とは「いくつかの種類の製品を，一定数量（ロット）ずつ，反復的生産するやり方」のことである（廣瀬，2006:65）。
3 ）これは，あくまで冷酒カップやぐい飲みの場合のことであり，依頼する製品によりロットが異なる点には注意が必要である。
4 ）具体的なサイズは「φ64mm，H50mm」。「φ」とは円の直径（今回の場合ではカップの直径）であり，「H」とは「hight」の頭文字をとって高さ（今回の場合ではカップの高さ）のことである。
5 ）これらの時期は，それぞれの製品の販売期である。
6 ）ここでの改善された課題は主に「製品コンセプトの明確化」である。

参考文献

廣瀬幹好，2006,「組別生産（ロット別生産）〔lot production〕」吉田和夫・大橋昭一編著『基本経営学用語辞典〔四訂版〕』同文館出版，p.65。
深山昭，2006,「在庫管理〔inventory control〕」吉田和夫・大橋昭一編著『基本経営学用語辞典〔四訂版〕』同文館出版，pp.104-5。

補足2. 井上仏壇と漆屋，漆塗師との関係性

ここでは，井上仏壇と漆に関連するアクターとの関係性について概観する。具体的には井上仏壇と漆塗師，漆屋との関係性やそれぞれの役割についてみていく[1]。図補5.1は井上仏壇と漆塗師，漆屋との関係性を示したものである。

図補5.1　井上仏壇と漆塗師および漆屋との関係性
※当該図は井上仏壇へのインタビューをもとに筆者が作成。

最初に，井上仏壇，彦根仏壇産地で活動する漆塗師，漆屋との関係性について確認する。井上仏壇は漆塗師に漆塗りの技法を指定し，必要となる部品を手渡す。そして，同店からの依頼を受けた漆塗師は県外で活動する漆屋に自身が使用する漆（透漆）と顔料を発注する[2]。発注を受けた漆屋は漆塗師の要求を満たした漆（透漆）と顔料を漆塗師に送付する。その漆（透漆）と顔料をもとに漆塗師は必要な色漆を調合，漆塗りや乾燥の工程を施し，井上仏壇に送付する[3]。最後に，同店は必要な部品（もしくは製品）を漆塗師から受け取り，検品し，次の工程へ進めたり，製品を販売したりする。

　ここでの重要な点は漆塗師と漆屋との関係性である。色漆の場合，一般的に漆屋は主に透漆までの工程を担当することが多い。この透漆に必要な顔料を加え，色漆を調合して製品に塗り，乾燥させるという一連の工程を担当するのが漆塗師である。井上仏壇の場合も同様であり，依頼を受けた漆塗師は透漆と必要な顔料を漆屋に発注，その透漆と顔料をもとに製品に使用する色漆を調合し，漆塗りや乾燥の工程を施すことが多い。

　井上仏壇は彦根仏壇をはじめとした伝統的な仏壇はもとより，新たな製品を生み出す際にも漆（色漆など）を積極的に活用していった。そのような活動を長年にわたり継続することができるのは，熟練した技術を保有する漆塗師や漆屋といった優秀なパートナーが存在しているためである。

注

1）ただし，ここで述べるのは井上仏壇と漆塗師，漆屋との大まかな関係性や役割についてであり，実際には開発する製品や用いる漆により，それらは異なっているという点には注意が必要である。

2）ただし，漆塗師の側でもストックは常備しているため，製造分すべてを発注するわけではない点には注意が必要である（2019年11月7日，井上仏壇代表井上昌一へのインタビューによる〔62分，「漆塗師による漆や顔料のストックについて」ほか〕）。

3）ただし，黒漆と朱漆については漆屋が調合している点には注意が必要である（2019年11月7日，井上仏壇代表井上昌一へのインタビューによる〔62分，「井上仏

壇の製品開発における漆屋の漆の調合について」ほか])。また，そのほかの色漆については，量産化する場合は漆屋が，少量もしくは新たなものを開発する場合は漆塗師が調合を担当している。

彦根仏壇の伝統技術を結集した
「魅せる」ブランド──「INOUE」

2016年シンガポール展示会で「INOUE」ブランド販売

1. はじめに

　本章では，井上仏壇の海外展開に向けたブランドである「INOUE」の製品開発についてみていく。同ブランドは2016年に創設され，彦根仏壇の伝統技術を複数，場合によってはそのすべてを取り入れる「魅せる」製品シリーズとして誕生した。このブランドは開発当初から海外展開を見据えたものであり，主に海外の富裕層をターゲットにしている[1]。ここでは，「INOUE」を取り上げるにあたり，同ブランドの概要や製品開発に着目する。前者では「INOUE」の製品概要や販売までのあゆみに焦点をあててみていく。後者では「INOUE」の製品開発プロセスや製品特性および課題についてみていく。なお，製品特性および課題については井上仏壇の商部としての強みを踏まえつつみていく。

　以下，本章の構成について述べる。第2節では，「INOUE」の概要（製品開発，販売までのあゆみ）について確認する。第3節では，「INOUE」の製品開発（製品開発プロセス，製品特性と課題）について確認する。第4節では，本章のまとめについて述べる。

2. 「INOUE」の概要

　本節では，「INOUE」の概要についてみていく。具体的には，同ブランドの製品概要や販売までのあゆみについて確認する。

2.1 「INOUE」の製品概要
　ここでは，「INOUE」の製品概要についてみていく。現在，「INOUE」の製品ラインナップは5種類である。以下，それぞれの製品の概要について確認する[2]。

［SHIHOU―四方―］

　この製品は，立方体であるワインダーのシェルになるように設計されたものである。「四方」の特徴は，周囲4面を漆で塗り，全体に蒔絵を施している点にある。

［HAFU―破風―］

　この製品は，組子型で三角形の形状をしており，日本の伝統的な意匠である「破風[3)]」をイメージしたものである。「破風」は前面に黒漆を塗り，正面に金の金細工を取り付けている点にその特徴がみられる。また，製品のフレームワークには組子[4)]技術が用いられている。

［KUDEN―宮殿―］

　この製品は，彦根仏壇の宮殿の技術を額縁代わりに使用したものである。「宮殿」の大きな特徴は，日本建築の技法である「宮殿枡組み[5)]」という技法によって周囲が覆われている点にある。この製品の扉には青貝を用いる螺鈿[6)]技法（漆工芸技法の1つ）と金の薄い延べ板を用いる平文[7)]技法が用いられており，日本の伝統的な意匠を表している。

［DAN―壇―］

　この製品は，彦根仏壇の七職すべての技術が詰め込まれたものであり，木目出し塗りを施した最大サイズのワインダーケースである。この製品の特徴は仏壇型のワインダーであること，腕時計だけでなくジュエリーなど装飾品全般を収納することができる，といった点にある[8)]。なお，この製品は「INOUE」では最も多い16個のワインダーが収納可能となっている[9)]。

［KISSHO―吉祥―］

　この製品[10)]は，日本の古来からの文様である吉祥柄[11)]をアレンジして取り

SHIHOU－四方

HAFU－破風

KUDEN－宮殿

DAN－壇

KISSHO－吉祥

入れ，機械時計のゼンマイを自動的に巻き上げるケースとして開発されたものである。「吉祥」の特徴は，ワインダーに直接装飾することによる低価格化およびコンパクト化の実現にある。この製品は蒔絵のオーダーメイドも受け付けており，家紋や企業ロゴなど顧客の要望に応じたさまざまな柄への対応が可能である。なお，この製品は井上仏壇とウォッチワインダー（swisskubik）の日本輸入代理店が共同で開発している[12]。

2.2 「INOUE」の販売までのあゆみ

　ここでは，「INOUE」の販売までのあゆみについて確認する。表6.1は，同ブランドの販売までのあゆみを示したものである。

　井上仏壇が海外展開に向けた製品開発（のちの「INOUE」）を開始するのは2012年の後半である。この時期から，井上は海外展開に向けた製品開発を行うにあたり，必要なキャッシュを確保するため，各種補助金の申請に向けた活動を開始する。

　補助金の交付にめどが立つようになると，井上は対象マーケットとして考えていたシンガポールでの先行調査を実施した。井上は3泊4日のスケジュールで，現地で活動するさまざまな機関・組織・企業へ出向き，予定しているプロジェクトについて説明した。具体的には，現地にショールームや流通を持ち，日本の物産販売の支援を行う企業（以下，現地企業），現地の旅行会社，高級店，日本大使館内にあるJCC（Japan Creative Centre），JETRO（シンガポール事務所）などである。

　その後，井上は2013年6月に補助金の交付が正式に決定したことを受け，現地での展示会に独自ブースを設けて出展することになる。この展示会は「NATAS Holidays 2013 シンガポール（旅行博）」（以下，NATAS）[14]とよばれるものであり，2013年8月16〜18日にシンガポールEXPOのジャパンパビリオン内で開催された。ここで，井上は来場者や現地の旅行会社に対し，彦根仏壇の伝統技術や構想中である工房見学・工芸体験（以下，ツアー）といっ

表6.1 「INOUE」の販売までのあゆみ

年	月（時期）	主な出来事
2012年	後半	製品の開発に向け，動きはじめる （補助金の申請などの活動も開始する）
2013年	5月	シンガポールでの先行調査を実施 3泊4日のスケジュールでシンガポールにあるさまざまな機関・組織・企業へ出向き，予定しているプロジェクトの説明を行う
	8月	現地で開催された旅行博にてPR活動を行う （彦根仏壇の工芸や工房見学・工芸体験ツアーのPR） 「NATAS Holidays 2013 シンガポール（旅行博）」 （8月16〜18日，シンガポールEXPO ジャパンパビリオン内）
	11月	第1回 工房見学・工芸体験を実施 （実施日：11月19日）
	12月	第2回 工房見学・工芸体験を実施 （実施日：12月26日）
2014年	3月	工房見学・工芸体験のHPを開設（日英） 新製品のカテゴリーを「ウォッチワインダーケース」に決定
	12月	第1回 体験型旅行を実施 （実施日：12月17日） 第2回 体験型旅行を実施 （実施日：12月30日）
2015年	2月	第3回 体験型旅行を実施 （実施日：2月22日）
	10月	シンガポールでの個別ヒアリング[13]調査を実施 新ブランドの名称を「INOUE」に決定
	11月	ウォッチワインダーケースのHP（日英），Facebook（日）を開設
	11〜12月	国内の高級ホテルギャラリーにおいて展示会「刻—KOKU—」を開催 （11月28日〜12月13日，ホテル椿山荘東京内ギャラリー）
2016年	10月	シンガポールでの展示会開催に向け，現地での活動を行う （10月4〜6日）
	11月	シンガポールでの（自社主催）展示会 「The Encounter of Japan's Traditional Crafts and Design」を開催 （11月17〜19日，JCC〔Japan Creative Centre〕） ここで，「INOUE」の展示・販売を行い，同ブランドの販売が正式に開始される

※当該表は井上仏壇へのインタビューおよび同店提供資料をもとに筆者が作成。

たものをアピールした。この機会をいかすべく，井上は事前に壁面ポスター
（B1サイズ）2枚，彦根仏壇の工芸紹介映像（DVD）9枚，チラシ（A4両面）
400枚を準備し，DVDとチラシについては来場者や旅行会社へ配布した。さ
らに，井上は現地の声を聞くためにアンケート調査を実施した。

　次に，井上は構想中であるツアーの実現に向けた活動を開始する。このと
き，井上は新製品のターゲット層である海外の富裕層にツアーに参加しても
らい，「実際にどのような製品が欲しいと思うのか」などについての情報を
得ることが重要であると考えていた。そのため，井上は富裕層を顧客に持つ
現地旅行会社の協力（＝ツアーの実施）を取り付けることを目的に，NATAS
期間中に現地の旅行会社3社と接触，NATAS終了の翌日にアポを取り，ツ
アーについて詳細に説明した。そのような活動が実を結び，実際にそのうち
の1社がツアーを実施した[15]。このツアーは2013年11月と12月に行われ，金
箔押し工房の見学と蒔絵の体験が実施された。このツアーで，井上は参加者
に対してアンケート調査を実施するなどし，製品開発にいかすためのリサー
チを行っていた。さらに，井上はツアーの参加者や旅行会社にパンフレット
400部や彦根仏壇の工芸紹介映像（DVD）50枚[16]を配布し，新製品開発のため
のリサーチだけでなく，彦根仏壇産地のPR活動も行っていた。

　2014年3月にはツアーのHP[17]を開設し，情報発信に関する活動も開始す
るようになる。このころになると，現地の富裕層だけでなく，それ以外の一
般消費者や時計業界からも製品開発に有益な情報を多く得るようになってい
く。井上はそれらの情報をもとに，新製品のカテゴリーを「ウォッチワイン
ダーケース」に定めた。この製品は高級腕時計を収納するケースであり，彦
根仏壇の伝統技術を複数，場合によってはそのすべてを取り入れるというも
のである。また，前年と同様にツアー（ただし，このときは名称が「体験型
旅行」となっているため，以下，体験型旅行）を実施し，新製品開発のため
のリサーチと彦根仏壇産地のPR活動についても行った。体験型旅行[18]は
2014年12月，2015年2月に行われ，蒔絵実演見学と金箔押し体験が実施され
た。さらに，井上は現地企業とともに販路を開拓するため，2015年10月にシ

ンガポールで個別ヒアリング調査を実施した。
この調査では，さまざまな分野の関係者と会
い，試作品[19]を見せたうえで，新製品の可能
性についての情報を得ていった。具体的なヒ
アリング先は，現地の高級腕時計店，ギャラ
リー，宝石店，葉巻専門ショップ，日本大使
館（JCC），ワインダー代理店，美術館兼ギャ
ラリー，時計専門雑誌社，インテリア・建築

「INOUE」のロゴ

関係者，時計のコレクター，ワインダーショップなどである[20]。また，新ブ
ランドの名称を「INOUE」に決定したのもこの時期である。そして，翌月
に井上はウォッチワインダーケースのHPとFacebookを開設[21]し，情報発信
を強化していく。

　このころから，井上は海外の富裕層というターゲット層をメインにしつつ
も，国内でのマーケットも意識するようになる。その理由としては，伝統的
工芸品である彦根仏壇の伝統技術の活用という観点からみて，国内市場にも
活路があるのではないかという思いや，シンガポールで試作品が高い評価を
受けたことなどがある。そのため，井上は2015年11～12月にかけてホテル
椿山荘東京内のギャラリーで展示会を開催し，富裕層のエンドユーザーや販
路関係者[22]に向け，試作品に関する市場調査を実施した。ここでは，工芸技
術やデザインについて高い評価を受けた。また，ものづくりの背景やストー
リー，職人の実演などを披露することで，価格についても来場者の納得を得
ることができた。この展示会で新製品の試作品[23]は全体として高い評価を受
けたことにより，井上は開発をさらに進めていく。

　2016年には，シンガポールでの展示会[24]を開催するにあたり，これまでと
は異なる補助金を申請し，交付が決定した。この補助金の交付を受け，井上
は同年10月にシンガポールへ行き，展示会場の視察や展示会開催に向けた具
体的な打ち合わせを実施した。そして，翌月に展示会を開催した[25]。この展
示会は各種メディアに取り上げられ，展示会は一定の成果を収めることがで

きた[26]。なお，このときに新製品の販売も行われ，そこから「INOUE」の正式販売が開始された。

3. 「INOUE」の製品開発

　本節では，「INOUE」の製品開発についてみていく。具体的には同ブランドの製品開発プロセス，製品特性と課題について確認する[27]。

3.1 「INOUE」の製品開発プロセス

　ここでは，「INOUE」の製品開発プロセスについて確認する。図6.1は「INOUE」の製品開発プロセスを示したものである。

　井上は，2012年の後半から「chanto」を超えるブランドを手掛けてみたいと思うようになる。「chanto」は，彦根仏壇の製造工程における七職のなかでも漆塗りの技術を活用したカフェ用品シリーズであり，販売から1年ほどしかたっていないこの時期において，すでに多くのメディアに取り上げられるなど，大きな注目を集めていた。井上は，この「chanto」が一定の成果を収めたことを受け，今度はこのブランドを超えるものを生み出したいと思いはじめるようになる。

　新ブランドを手掛けるにあたり，井上は彦根仏壇産地の活性化につながるようにとの思いから(1)彦根仏壇の伝統技術を積極的に活用したもの，(2)より大きなマーケットである海外を主戦場とすること，(3)彦根仏壇産地という伝統産地の歴史や専門性の高い職人の技術といったバックグランドにも理解を深めてもらえるようなもの，などの点を重視していた。これは，新ブランドに彦根仏壇の伝統技術を積極的に取り入れることで職人への仕事を増やしたいということ，そして，海外を主戦場とすることで，より多くの人に彦根仏壇産地についての理解を深めてもらい，より大きな商機を得，産地全体の発展につなげていきたいという思いがあったためである。

　そのような思いを抱きつつ，井上は2013年8月にシンガポールの展示会に

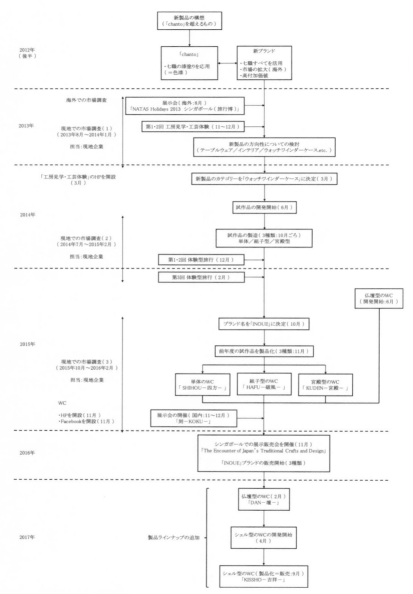

図6.1 「INOUE」の製品開発プロセス

注)「WC」は「ウォッチワインダーケース」を指す。
※当該図は井上仏壇へのインタビューおよび同店提供資料をもとに筆者が作成。

出展した際，製品開発に有益な情報を集めるためのアンケート調査を実施した。調査では日本の工芸に対する理解は低いものの，良いイメージを抱いている人が多く，デザインは日本的なものが好まれる傾向にあることなどが明らかになった。それ以外にも，この年に井上は現地での市場調査やツアーでのアンケート調査を実施し，製品開発をより具体的なレベルで行うための情報収集に力を注いでいく。これらの調査では，カップやトレイなどのテーブルウェア，壁掛けや置物などのインテリア，そしてのちの「INOUE」となるウォッチワインダーケースなどが候補として挙がっていた。ここから井上のなかでウォッチワインダーケースが新製品の重要な候補として浮上していく。

翌年の2014年にはツアーのHPを開設し，情報発信についても強化していく。この年には，現地での市場調査も継続しつつ，新製品を腕時計収納庫であるウォッチワインダーケースに決定し，現地の評価や販売ルートなどについての調査も開始した。また，このころになると，現地での販売について具体的な指針を示すことが必要になるため，試作品の製作に取りかかった。このときつくられた試作品は次の3種類である。1つ目は単体のワインダーケース（のちの「SHIHOU─四方─」），2つ目は組子型のワインダーケース（のちの「HAFU─破風─」），3つ目が宮殿型であり，壁掛けを意識した10個入りのワインダーケース（のちの「KUDEN─宮殿─」）である。

2015年にはウォッチワインダーケースのHPやFacebookを開設し，情報発信をさらに強化していくとともに，これまでと同様にツアーでのアンケート調査や現地での市場調査などの活動を継続していった。これらの調査でも，新製品への評価はおおむね高いものであり，「INOUE」は完成へと近づいていく。また，この年から井上はこれまでの海外の富裕層だけでなく，国内の富裕層にも目を向けるようになる。そのため，井上はこの年の11〜12月に国内では初の展示会を開催し，そこでの評価も参考にしつつ，製品化を実現させていく。また，この時期に井上は前年度の試作品3種を完成させた。このときに，これら3種類の製品名が決定している。これら3種類の製品名は

(1)「SHIHOU─四方─」，(2)「HAFU─破風─」，(3)「KUDEN─宮殿─」である。そして，これら製品のブランドである「INOUE」は，2016年11月に開催したシンガポールでの展示販売会から正式に販売されるようになる。なお，「DAN─壇─」は2017年2月，「KISSHO─吉祥─」は同年9月に販売が開始されている。

3.2 「INOUE」の製品特性と課題

今回取り上げた「INOUE」は，井上仏壇の彦根仏壇産地における商部としての強みをいかしたことにより誕生している。そのため，同ブランドの製品特性や強みは彦根仏壇産地における商部という特性や役割と深い関わりがある。彦根仏壇産地において，商部とは「検品／組立／販売」といった役割を担うポジションである。このポジションの特性は仏壇の各工程の検品や組立といった「工部七職」という職人に近い役割をこなしつつ，販売などのいわゆる「販売店」としての役割も同時にこなしている点にある。そのため，商部は仏壇の製造工程全体を把握しなければならないのと同時に，小売店や一般消費者といった買い手の嗜好など，消費者心理についても精通していなければならない。前者がどちらかといえば彦根仏壇産地の「内側」，後者が「外側」に関わるものである。

前者の特性により生まれる強みとは(1)七職すべての技術を広く浅く把握している，(2)七職の職人との信頼関係が醸成されているため，円滑なコミュニケーションが可能である，というものである。(1)はすでに述べたように，商部の「検品」や「組立」といった作業に関連するものである。商部は彦根仏壇の製造について各工程が終了すると，その工程でつくられた部品を検品，次の工程へと進めてよいかどうかを判断し，組立てることで製品は完成する。そのため，商部は各製造工程でどのような技術がどのように活用されているのか，そして製造するのにどれくらいの期間を必要とするのかについて「皮膚感覚的」に理解している。もちろん，商部は職人の役割をそのまま果たすことはできないが，各工程の特徴や製造期間といったものは理解しているた

め，新製品の開発（今回の事例でいえば「INOUE」）に役立てることが可能
になる。

　（2）についても商部の検品や組立といった作業に関連するものであるが，
これは作業そのものというよりも作業プロセスと関連が深いものである。彦
根仏壇は各工程がそれぞれ高度に分業化しているため，担当する工程が異な
れば同じ工部七職の職人でも分からないことが多い。そのため，彦根仏壇を
完成させるには製造工程全体を見渡すことができる商部の役割が大きなもの
になるが，その役割を果たすには日常的に濃密なコミュニケーションを交わ
していることが重要になる。また，彦根仏壇産地は歴史的に商部が職人に安
定して仕事を回してきたという経緯がある。これらのことから，商部（井上
仏壇）が彦根仏壇の伝統技術を活用した製品開発を行う際に職人からの協力
を得ることが可能になる。

　また，後者の特性により生まれる強みとは（1）消費者の嗜好を製品に反映
させやすいノウハウを保有している，（2）多様なアクターと連携して製品開
発を進めることができる，というものである。（1）は商部の販売の業務に関
連するものであるが，井上仏壇の場合，創作仏壇（新しいデザインの仏壇）
である「柒⁺」や和の高級インテリアシリーズの「B & G Collection」, カフェ
用品シリーズの「chanto」といった製品も扱っているため彦根仏壇に関連し
たものはもとより，異分野の製品についても販売実績がある。そのため，こ
の強みはさらに大きなものになる。特に「chanto」については，海外の展示
会への参加などグローバルレベルでの販売促進活動を行っているため，
「INOUE」においてもそのノウハウを十分に生かすことが可能な状況にある。

　（2）については商部というよりも，これまでの井上仏壇の商部としての活
動から生まれてきた強みである。特に「chanto」プロジェクトにおいて，同
店は職人だけでなく，デザイナーや滋賀県工業技術総合センターといったバ
ラエティ豊かなメンバーとともに製品開発を進めてきた。のちにこのブラン
ドは彦根仏壇の伝統技術を活用したカフェ用品として多くのメディアに注目
されるが，それは多様なアクターとの連携をうまく実現させたということが

大きい。このとき，井上仏壇は効果的な製品開発を進めるには自分たち（彦根仏壇産地のアクター）だけでなく，デザイナーなど多様なスキルをもったアクターとコラボレーションすることが重要であることに気がついた。そのため，同店は「INOUE」を立ち上げるにあたり，「chanto」のときと同様にデザイナーをはじめ，さまざまな分野の専門家とともに製品開発を進めていったのである。これらのことから，井上仏壇は「INOUE」において「chanto」のときの経験をいかし，さまざまなアクターとコラボレーションしながら製品開発を進めることで「仏壇のよさをいかした仏壇ではないデザインの製品」を生み出すことを目指しており，その実現の土壌は整っているとみることができる。

　このように，井上仏壇は「INOUE」を開発するにあたり，彦根仏壇産地における自身の商部としての強み，そして，主に「chanto」プロジェクトで得た経験をいかしていることがわかる。最後に「INOUE」が抱える課題についてみていく。

　同ブランドの課題は「製品のデザインとコストとのバランス」にある。これは「INOUE」に取り入れる彦根仏壇の伝統技術の数と密接に関わっている。「INOUE」の場合，彦根仏壇の伝統技術を複数，場合によってはそのすべてを取り入れるというコンセプトのもとに開発されている。しかし，製品に取り入れる技術を増やせば増やすほど，製品のデザインは限定されたものになり，コストも増加していく。そのため，同店の今後の課題としては，活用する技術の絞り込み，製品デザインの洗練化，そしてそれにともなう製造コストの削減および価格の見直しが必要になると思われる。

4.　おわりに

　本章では，井上仏壇の主として海外市場を見据えたブランドである「INOUE」の製品開発について概観した。最初に，「INOUE」の概要（製品

概要，販売までのあゆみ）について確認した。次に，「INOUE」の製品開発（製品開発プロセス，製品特性と課題）について確認した。

　「INOUE」はもともと彦根仏壇の伝統技術を結集した「魅せる」ブランドとして誕生したものである。ただし，このブランドは海外展開を目指すにあたり，消費者の視点を軽視していたわけではない。最初の市場をシンガポールに定めてからは，現地企業に市場調査を委託しただけでなく，同店代表の井上が現地へ何度も足を運び，ターゲット層から生の声を得ている。さらにツアーや体験型旅行を何度も開催し，そこでも海外の富裕層，一般消費者から製品開発に有益な情報を得ながら開発を進めてきた。このことから，井上仏壇は単に高付加価値の製品を製造・販売するのではなく，海外市場で商機を見込めるような製品デザインを強く意識していたことがうかがえる。

　また，井上仏壇は彦根仏壇産地において「検品／組立／販売」といった役割を担う商部であり，そのことが「INOUE」の製品開発にとってどのような強みとなるのかについて確認した。井上仏壇は商部であるため，彦根仏壇産地の内側（職人に関すること）と外側（消費者に関すること）の両方に接し，活動しており，そのことが「INOUE」の強みになっている。前者は商部の「検品／組立」に関わるものであり，各製造工程を広く浅く把握していることや長年にわたる職人との信頼関係にもとづく円滑なコミュニケーションを行えることである。後者は商部の「販売」に関わるものであり，消費者の嗜好を製品に反映させやすいノウハウの保有や多様なアクターと連携した製品開発を進めることができることである。このようにして，井上仏壇は商部としての自身の特性を「INOUE」の製品開発にいかしていった。

　このような経緯で販売にいたった「INOUE」であるが，彦根仏壇の伝統技術を多く取り入れると，その分，製品自体のコストが高くなりすぎてしまい，製品デザインの幅も狭まるといった課題を抱えている。そのため，今後は取り入れる技術を絞り込むことによるデザインの洗練化，およびそれにともなう製造コストの削減や，価格の見直しが必要であると思われる。

注

1）ただし，本章で後述するように，「INOUE」は開発途中からは国内の富裕層にも目を向けている点には注意が必要である。

2）ここでの記述は2018年12月14日，12月27日，井上昌一（井上仏壇代表）へのインタビューをもとにしたものである（100分〔12月14日〕，60分〔12月27日〕，「『INOUE』の製品概要について」ほか）。なお，本章では各製品の名称を日本語で表記している。ただし，正式名称として表記する場合には日本語と英語の両方の名称を用いている。

3）破風とは「屋根の妻側において山形に取り付けられた板，およびその付属物の総称」である（彰国社編集，1993：1347）。

4）組子とは「格子や建具などを構成している細い部材」のことである（彰国社編集，1993：435）。

5）『建築大辞典 第2版〈普及版〉』（1993）によれば，枡組み（同辞典では〔斗組，枡形〕とも表記されている）は「斗栱」ともよばれ，「本来は柱上にあって軒を支える装置。方形の斗と肘木によって構成され，両者を交互に組み合わせて前方に持送りとして突き出し，深い軒を広く支える。両者のほかに尾垂木と支輪とが加わることもある」とされている（彰国社編集，1993：1178-9）。なお，彦根仏壇を製造する際には，この技法をミニチュア化して応用している（2018年12月27日，井上仏壇代表井上昌一へのインタビューによる〔60分，「彦根仏壇と宮殿枡組みについて」ほか〕）。

6）螺鈿とは「漆工芸技法の一。夜光貝，鸚鵡貝，蝶貝などの光彩に富む部分を磨き，平らにして文様に切り，漆器または木地にはめ込んだもの」である（彰国社編集，1993：1718）。

7）平文とは「漆塗りの一。金銀の薄板を文様に切り，漆面に貼って漆で塗り埋め，その部分を剥ぎ現すか研ぎ出したもの」である（新村編，1991：2194）。

8）なお，腕時計だけでなく，ジュエリーなどの装飾品全般を収納できる製品は「INOUE」ではこの「壇」だけである（2018年12月時点）。

9）これは，製品販売時点（2016年11月）のことである点には注意が必要である。

10）この製品は，現在「Uzu-Chidori―渦千鳥―」，「Hana-Shippou―花七宝―」，「Nami-Uroko―波鱗―」の3種類があり，価格はすべて同じである（「吉祥」〔パンフレット〕）。

11）吉祥柄とは縁起のいい柄のことである（2018年12月14日，井上仏壇代表井上

昌一へのインタビューによる〔100分，「吉祥柄について」ほか〕）。

12）ここで表記した「INOUE」の５つの製品のうち，この吉祥のみが井上仏壇と日本輸入代理店との共同開発によって誕生している。ただし，この製品も井上仏壇のオリジナルブランドである点には注意が必要である（2018年12月14日，井上仏壇代表井上昌一へのインタビューによる〔100分，「『吉祥』の『INOUE』における位置づけについて」ほか〕）。

13）本章では，井上仏壇の提供資料の表現に沿って「ヒアリング」と表記している。

14）このイベントの総来場者数は62,744人である。なお，井上が接触した日系の現地旅行会社は３社，アンケート調査を実施した人数は145名であった（井上仏壇提供資料より）。

15）2014年３月31日時点での情報である点には注意が必要である。なお，ツアーの詳細は次の通りである。第１回目：2013年11月19日に実施，場所は井上仏壇，金箔押し工房，七曲がり三軒茶屋（蒔絵体験会場），参加者は５名。第２回目：2013年12月26日に実施，場所は彦根商工会議所（仏壇工芸説明，金箔押し実演，蒔絵体験会場），参加者は15名（井上仏壇提供資料より）。

16）このパンフレットとDVDはNATASのときのものとは異なる点には注意が必要である。

17）なお，このHPは日英２言語に対応している。

18）体験型旅行の詳細は次の通りである。第１回目：2014年12月17日に実施，場所は彦根商工会議所（仏壇工芸説明，金箔押し実演，蒔絵体験会場），参加者は10名。第２回目：2014年12月30日に実施，場所は井上仏壇（仏壇工芸説明，金箔押し体験会場），参加者は３名。第３回目：2015年２月22日に実施，場所は井上仏壇（仏壇工芸説明，蒔絵実演見学，金箔押し体験会場），参加者は11名（井上仏壇提供資料より）。

19）このとき見せた試作品は「四方」と「破風」である（2018年12月14日，井上仏壇代表井上昌一へのインタビューによる〔100分，「シンガポールに持参した試作品について」ほか〕）。

20）このとき，ウォッチワインダーケースの試作品について，ヒアリング先の多くは好印象を持ち，特に美術館兼ギャラリーについてはすぐにでも展示して販売したいという打診があったという。また，価格や彦根仏壇の工芸技術，日本的なデザインについても高い評価がなされた（2018年10月18日，井上仏壇代表井上昌一へのインタビューによる〔120分，「2015年10月時点でのシンガポールにおけるウォッチワインダーケースの評価について」ほか〕）。

21）HPは日英2言語に対応している。Facebookについては日本語のみである。

22）この展示会では日本人の富裕層（エンドユーザー），日本の販路関係者をメインにしていた（2018年12月27日，井上仏壇代表井上昌一へのインタビューによる〔60分，「椿山荘での展示会開催について」ほか〕）。

23）この展示会で出品した試作品は「四方」，「破風」，「宮殿」，「壇」の4種類である。ただし，この時点では「壇」の製品名は決まっておらず，試作品も完成していない点には注意が必要である。

24）この展示会は，「INOUE」としては初の海外での自主開催形式によるものであった（2018年12月27日，井上仏壇代表井上昌一へのインタビューによる〔60分，「『INOUE』としてのはじめての海外での自主開催形式による展示会について」ほか〕）。

25）展示会の開催内容については以下の通りである。（1）新製品である「ウォッチワインダーケース」の展示。（2）蒔絵師による実演。（3）製品化の背景，作業工程を説明する職人の道具やパネルの展示。（4）職人の作業工程を撮影した動画放映，各種パンフレットの配布。（5）すでに開発・販売している「chanto」の展示。この展示会への総入場者数は100名，蒔絵実演については21名，蒔絵体験は30名が参加した（井上仏壇提供資料より）。

26）具体的には現地における最大手の中国語新聞やインテリア雑誌，日本大使館や京セラのFacebookなどに掲載された（2018年10月18日，井上仏壇代表井上昌一へのインタビューによる〔120分，「展示会における新製品の注目度について」ほか〕）。また，展示会終了後の11月21日には，井上仏壇と現地企業がシンガポールの実店舗を訪問し，今後の商談に関する活動を行っている。

27）本節における記述は，2018年10月18日，11月29日，井上昌一（井上仏壇代表）へのインタビュー（120分〔10月18日〕，85分〔11月29日〕，「『INOUE』の製品開発について」ほか），2018年11月1日，井上隆代（同店取締役）へのインタビューをもとにしたものである（120分，「『INOUE』の製品開発について」ほか）。

参考文献

面矢慎介，2005，「彦根仏壇組合との10年——デザイン・伝統産業・大学——」滋賀県立大学人間文化学部研究報告『人間文化』pp.73-8。
彰国社編集，1993，『建築大辞典 第2版〈普及版〉』彰国社。
新村出編，1991，『広辞苑 第四版』岩波書店。

補足1. 「INOUE」プロジェクトの概要

　第6章では，井上仏壇の海外展開に向けたブランドである「INOUE」の製品開発についてみてきた。ここでは，「INOUE」に関する一連の活動（以下，プロジェクト）の概要について確認する。図補6.1はプロジェクトの全体像を示したものである。具体的には，事業主体（含企画・立案）である井上仏壇がどのような機関・組織と関わりながら製品開発を進めているのかについて概説する。

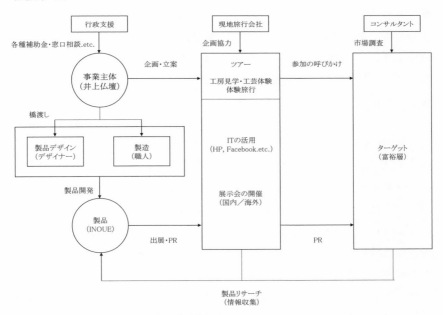

図補6.1　「INOUE」プロジェクトの全体像

※当該図は井上仏壇提供資料を一部改変。

［行政支援］

　事業主体である井上仏壇は，自社単体で「INOUE」を開発したわけでは

なく，さまざまなアクターからの支援を受けている。一般的に，井上仏壇のような規模の会社が海外展開に向けた製品開発を単独で行うことは難しい。そのため，同店は行政支援（各種補助金や窓口相談〔専門家の紹介など〕）を活用してプロジェクトを展開している。

[コンサルタント（現地企業）]

井上仏壇は，シンガポールで市場調査を実施するにあたり，現地にショールームや流通を持つ日本の物産販売の支援を行う企業（現地企業）に業務を委託している。海外展開に向けた製品開発を行うには，対象となる市場のリサーチが必要になってくる。さらに，その市場が当該企業にとってそれまで活動していない地域（国）であれば，一定期間現地に滞在しながら調査を実施することが重要になる。井上仏壇はそれまでシンガポールでの活動は行っていなかったため，この現地企業に調査を依頼した。この調査は2013年から製品が販売される2016年まで断続的に行われた[1]。

[現地旅行会社]

井上は「INOUE」を立ち上げるにあたり，海外の富裕層から製品開発に役立つアンケート調査を実施するにはツアー[2]の実施が必要であると考えていた。そのため，井上は「B & G Collection」プロジェクトの際に知り合ったコンサルタントのK氏に仲介を依頼している。井上とK氏は2013年5月に現地を訪問し，シンガポールの旅行会社（以下，現地旅行会社）にプロジェクトの内容を説明，同社が取り扱っているツアーの一部に「工房見学・工芸体験」ツアーを組み込むよう交渉した。井上のオファーに現地旅行会社は興味を抱き，2013年の秋ごろに同社の社員が彦根仏壇産地を訪問し，実際に下見をした。この下見は同社の社員から高く評価され，この年から2015年までの間に5度，ツアーが実施された。

［市場調査］

　前述したように，井上仏壇は現地企業に調査を依頼し，数年間にわたり調査を実施している。それ以外にも，同店は現地の展示会に参加したり，個別ヒアリング調査を実施している。前者は「NATAS Holidays 2013 シンガポール（旅行博）」であり，プロジェクトの初期段階での活動である[3]。井上仏壇はこの展示会に参加し，アンケート調査[4]を実施した。この調査は，日本の工芸やそれに関連する製品の価格，デザインに関するものを中心としたものであった。また，NATAS終了後には工房見学・工芸体験（ツアー）への興味についても情報を収集しており，そのことが現在のツアーの開催につながっている。

　後者は2015年10月に現地で実施されたものである。この個別ヒアリング調査はプロジェクトの後期に実施されたため，主に販路の開拓に関するものであった。このときに井上仏壇は，現地で活動する多様なアクターと会うことで販路先とのつながりを構築していった。

［製品開発（デザイン／製造）］

　井上仏壇は「INOUE」を創設するにあたり，彦根仏壇の伝統技術を活用した製品開発という製品コンセプトで開発を進めていった。そのため，製品の製造については工部七職の職人に依頼している。ただし，製品のデザインについては外部からデザイナーを招聘し，専門家の能力を活用している。その際，井上仏壇は職人とデザイナーとの橋渡し的な役割を担うことで，同ブランドに職人の技術力，デザイナーのデザイン力をミックスさせていった。

［ツアー（工房見学・工芸体験／体験型旅行）］

　当初，井上は製品開発を進めていくには，ターゲット（海外の富裕層）に彦根仏壇という日本の伝統工芸に触れてもらい，そこから有益な情報を得ることが重要であると考えていた。このような思いから，同店は2013年から海外の富裕層（含一般人）に彦根仏壇を手がける職人の工房を見学してもらっ

たり，仏壇職人の技術を実際に体験してもらうという活動（＝ツアー）を開始した。これらの試みは参加者にはおおむね好評であり，井上仏壇はツアーで得られた情報も参考にしながら製品開発を進めていった。

[ITの活用／展示会の開催]

　井上仏壇は，プロジェクトを進めるにあたり，HPやFacebookなどを開設し，活用している。HPはツアーと「INOUE」の2種類を，Facebookは「INOUE」の1種類を開設している。同店はこれらの試みにより，より多くの人に日本の伝統工芸である彦根仏壇やその伝統技術を活用した「INOUE」を知ってもらうための活動を展開している。

　また，井上仏壇は同ブランドを販売する2016年までに2度，展示会を開催している。1度目は国内の富裕層・販路関係者に向けたものであり，2015年11～12月に国内の高級ホテルで開催された。2度目は「INOUE」の販売を開始したシンガポールでの展示会であり，2016年11月に日本大使館の敷地内にあるJCCで開催された。

[ターゲット（富裕層）]

　井上仏壇は，当初から「INOUE」のターゲットを海外の富裕層に定めていた。その理由は，井上が「彦根仏壇産地で働く職人に十分な仕事を提供したい」という思いを抱いていたためである。この思いを実現させるには，より大きな市場で彦根仏壇の技術を多く活用した高付加価値製品を販売する必要があるため，井上はターゲットを海外の富裕層に定めた。なお，2015年には国内の富裕層や販路関係者向けに展示会を開催したが，これは同ブランドの評価が高く国内市場でも通用すると感じたためである。そのため，井上はこのころから国内市場にも目を向けるようになっていった。

　また，井上はこれらターゲット層である人々に個別ヒアリングやアンケート調査などを実施し，新製品の開発に役立てていった。

注

1) 現地企業との契約期間は以下の通りである（カッコの日付は契約日）。2013年度：2013年8月1日～2014年1月31日（2013年7月30日）。2014年度：2014年7月1日～2015年2月28日（2014年7月1日）。2015年度：2015年10月1日～2016年2月29日（2015年10月1日）（井上仏壇提供資料より）。

2) 第6章では「工房見学・工芸体験」をツアーと表記していたが，ここではツアーを「工房見学・工芸体験」と「体験型旅行」の両方の意味を含む用語ととらえ，表記している。

3) 井上仏壇はこの展示会に独自ブースで出展し，来場者に彦根仏壇の伝統技術をアピールした。また，現地の旅行会社3社と接触し，ツアーの企画を提案した。

4) ここでのアンケート調査の結果は以下の通りである。①日本の工芸（漆塗り・金箔押し・蒔絵）を知っている人は約1/4であり，知名度は高くない。②日本の工芸についてのイメージは「品質に優れている」，「高級感がある」という答えが上位を占め，全般的な印象は良い。③購入の判断基準は「価格」が最も多い。④デザインの面ではシンガポールやASEAN的なインターナショナルのものより日本的なデザインのほうが良いと答えた人が圧倒的多数。⑤ツアーに興味があると答えた人は93％（井上仏壇提供資料より）。

補足2. 「INOUE」と彦根仏壇との関係性

　ここでは，「INOUE」と彦根仏壇との関係性についてみていく。具体的には同ブランドの特徴や製造工程と彦根仏壇の伝統技術との関係性について確認する。

「INOUE」に活用されている彦根仏壇の伝統技術

　最初に，「INOUE」の特徴と活用されている彦根仏壇の伝統技術[1]との関係性について確認する。表補6.1は同ブランドの特徴と彦根仏壇の伝統技術との関係性を製品別に示したものである。

表補6.1　「INOUE」の特徴と彦根仏壇の伝統技術との関係性（製品別）

製品名	価格帯	製造期間(週)	伝統技術						
			木地	塗装	金箔押し	錺金具	蒔絵	宮殿	彫刻
SHIHOU(四方)	B	24	○	○(漆塗り)			○		
HAFU(破風)	C(TYPE ONE) C(TYPE THREE)	24	○	○(含漆塗り)		○(含メッキ)	○		
KUDEN(宮殿)	B	25	○	○(漆塗り)		○	○	○	
DAN(壇)	A	34	○	○(含漆塗り)	○	○	○	○	○
KISSHO(吉祥)	C	10		○(漆塗り)			○		

注1）価格帯については，ブランドのコンセプトを参考に1,000万円以上を「A」，500万円以上1,000万円未満を「B」，500万円未満を「C」と表記している。
注2）当該表における製造期間の数値はすべて大まかなものであり，あくまで目安である点には注意が必要である。
注3）伝統技術における各セルは該当するものすべてを記載している。
注4）伝統技術の種類については製造に関わった職人の職種にもとづいて記載している。
注5）塗装については漆塗りの技術のみを活用している場合は（漆塗り），漆塗りに加えそれ以外の技法も活用している場合は（含漆塗り）と表記している。また，錺金具についてはメッキ工程を含んでいる場合は（含メッキ）と表記している。
注6）製造期間は予備日を含んだものである[2]。
注7）「INOUE」の製造期間には，組立の工程も含まれている。
※当該表は井上仏壇へのインタビューをもとに筆者が作成。

［木地］

　木地では，彦根仏壇の扉の仕様（デザイン）を活用している。素材については海外での販売をメインにしているため，高温多湿などの厳しい環境にも耐えられるように合板[3]（ベニヤ板）を使用している。

［塗装］

　塗装では，仕様・技術として「杢目[4]出し塗り」を活用している。この工程ではカシューやウレタンなども使用するものの，要所では天然漆を使用している。

［金箔押し］

　金箔押しの工程について，井上仏壇は製品の耐久性を重視しているため，金箔が剥げないようにコーティング加工を施している。この加工を施すにあたり，同店は専用の製造設備を購入し，使用している。なお，使用する素材には障子を中心に断ち切り金箔を用いている。

［錺金具］

　錺金具では，彦根仏壇の蝶番，障子に用いられる金具の仕様や技術を活用している。この工程の大きな特徴は，彦根仏壇の扉に関する技術である。井上仏壇は特注でエッチング（etching）技術を用いた金具を使用している。なお，エッチング技術とは「銅板に柄の模様を張り付け，薬品を表面につけて腐食させることにより，銅板を凹ます技法」のことである[5]。

［蒔絵］

　蒔絵の工程については，一般的な彦根仏壇を製造する場合と比べ，多くの手間暇がかかっている。素材についても，金やプラチナを使用しているため，この工程にかかるコストは七職のなかで最も高い。

［宮殿］

　宮殿の工程では，基本的には彦根仏壇の仕様や技術を活用している。ただし，屋根の奥行については「INOUE」の場合，彦根仏壇で使用されるものよりも浅くつくらなければならないため，特注で製造している。

［彫刻］

　彫刻の工程では，彦根仏壇と同様の技術を活用している。そのため，この工程では丸彫り，重ね彫り，付け立ち彫りなどの技術が活用されている。これらの技術の詳細は次の通りである。丸彫りとは「1枚の素材で彫り上げる彫り方」であり，重ね彫りは「地板（上彫の台になる彫刻）と上彫の二重に重ねて彫り上げる彫り方」，付け立ち彫りは「地板と上彫の間につけ台を付けて空間を作り彫り上げる彫り方」である[6]。次に，「INOUE」における各製品の製造工程と彦根仏壇の伝統技術との関係性について確認する。

「INOUE」の製造工程と彦根仏壇の伝統技術

　次に，「INOUE」の製造工程（製品別）と彦根仏壇の伝統技術との関係性について確認する。図補6.2は製品別にみた「INOUE」の製造工程を示したものである。

［四方］

　「四方」は，木地（4週間），漆塗り（8週間），蒔絵・金具（8週間・1週間）の順で製造されている。この製品では蒔絵と金具の工程が同時に進められる。なお，「四方」の塗料には漆のみが用いられている。金具については工業用のものを用いており，錺金具師は関わっていない。

［破風］

　「破風」は，木地（4週間），塗装（含漆塗り）（8週間），蒔絵・錺金具（8週間・1週間），組立（1日）の順で製造されている。この製品では蒔絵と錺

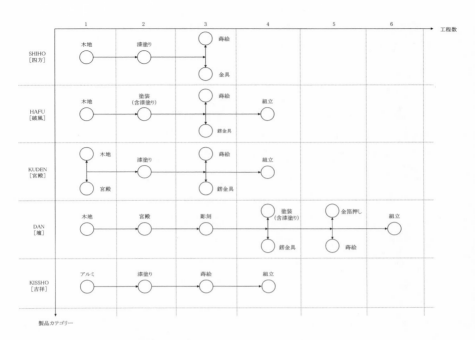

図補6.2 「INOUE」の製造工程（製品別）

注1）「四方」、「宮殿」、「吉祥」の塗装工程では漆塗りの技術しか活用していないため，ここでは「漆塗り」と表記している。これに対し，「破風」、「壇」では漆以外の塗料も用いているため「塗装（漆塗り）」と表記している。

注2）「四方」の金具については工業製品を用いており，錺金具師は製造に関わっていないため，ここでは「金具」と表記している。

注3）「吉祥」については製品のもとになる素材がアルミであるため，ここではそのように表記している。

※当該図は井上仏壇へのインタビューをもとに筆者が作成。

金具の工程が同時に進められる。ただし，蒔絵の工程は8週間であるのに対し，錺金具の工程は1週間と短い。

［宮殿］

「宮殿」は，木地・宮殿（4週間），漆塗り（8週間），蒔絵・錺金具（8週間・4週間），組立（1週間）の順で製造されている。この製品では木地と宮殿，

蒔絵と錺金具の工程が同時に進められる。前者はそれぞれ4週間と同期間であるのに対し、後者は蒔絵が8週間、錺金具が4週間となっている。

［壇］

「壇」は、木地（4週間）、宮殿（4週間）、彫刻（4週間）、塗装（含漆塗り）・錺金具（8週間・4週間）、金箔押し・蒔絵（4週間・8週間）、組立（2週間）の順で製造されている。この製品では塗装（含漆塗り）と錺金具、金箔押しと蒔絵の工程が同時に進められる。前者は塗装（含漆塗り）が8週間、錺金具が4週間であり、後者は金箔押しが4週間、蒔絵が8週間となっている。なお、この製品は彦根仏壇の七職すべての技術を活用してつくられている。そのため、工程期間は34週間と「INOUE」のなかで最も長い。

［吉祥］

「吉祥」は、漆塗り（4週間）、蒔絵（4週間）、組立（1日）の順で製造されている。この製品はもととなる素材がアルミであるため、木地師は製造に関わっていない。また、「吉祥」は「INOUE」の製品のなかでもっとも彦根仏壇の技術の活用が少ない製品であるため、工程期間も10週間と「INOUE」のなかで最も短い。

注

1）ここでは技術、仕様、素材をまとめて伝統技術と表記する。
2）具体的には「四方」、「破風」、「宮殿」、「壇」は4週間、「吉祥」は2週間である。
3）合板とは「材木を薄く削った単板を木目が交差するよう奇数枚接着剤で貼り合せた板」のことを指す。合板の長所としては、(1) 割れや反りに強い、(2) 環境に優しい（無駄が少なく合理的に使用できるため）、(3) 塗りや加工といった作業がしやすい、(4) 比較的安価、などがある。ただし、(1) 匂い（接着剤や加工したものの臭いがすることがある）、(2) 小口から水分が入ると貼り合わせがめくれやすい、といった短所もある。合板の種類としては突き板（檜ベニヤなど）、黒ベニヤ、プリント合板などがある。突き板は「表面に檜や欅

などの天然材を薄く貼ったもの」である。黒ベニヤは「表面にポリエステル樹脂等の加工をしたもの」である。プリント合板は「表面に木目をプリント加工したもの」である（『失敗しない仏壇選び』p.10，なお，本資料では「桧」と表記されているが，表現を統一するため，ここでは便宜上，「檜」と表記している）。

4）杢目とは「木の根に近い部分やコブがあった部分などから木取りしたときに出る，装飾性の高い不規則な杢目，またはその板」のことであり，「希少性が高く，その文様の出方により『笹杢』『玉杢』『鳥目杢』『虎斑』など，さまざまな種類がある」（久野監修・萩原著，2012：159）。また，『広辞苑 第4版』では「木目・杢目」として「材木の断面に，年輪・繊維・導管・髄線などの配列が種々の模様をなして表れているもの。もく。木理」と説明されている（新村編，1991：2536）。

5）2018年12月14日，井上昌一（井上仏壇代表）へのインタビューによる（100分，「エッチング技術について」ほか）。

6）『失敗しない仏壇選び』p.24。

参考文献

久野恵一監修，萩原健太郎著，2012，『民藝の教科書③ 木と漆』グラフィック社。
新村出編，1991，『広辞苑 第4版』岩波書店。

第7章

本研究のまとめと今後の課題

井上仏壇店店内奥の仏壇，「INOUE」展示コーナー

1. 3つの研究視座のまとめ

　滋賀県彦根市を中心とした彦根仏壇産地でつくられる仏壇は「彦根仏壇」とよばれ，1975年にはわが国の仏壇業界ではじめて通商産業大臣指定伝統的工芸品の指定を受ける[1]など，その技術や品質は高い評価を受けている。本研究では，滋賀県彦根市で活動する井上仏壇の異分野での製品開発について個別に確認した。本章では，同店の異分野での製品開発について第1章で提示した研究視座をもとに検討する。表7.1は，井上仏壇の異分野での製品開発について，本研究の研究視座をもとにまとめたものである。

表7.1　本研究の研究視座からみた井上仏壇の異分野での製品開発

| 製品の種類 | 製品開発体制 | | 伝統技術 | | 製品の特徴（強み）と課題 |
	単独	複数	単独	複数	
「B & G Collection」 （和の高級インテリア）	○			○	特徴：デザイン（和の高級インテリア）
					課題：コンセプトやデザインの普遍性
「chanto」 （カフェ用品）	○		○		特徴：色漆の色づかいやバリエーション
					課題：製品単価
冷酒カップ （酒器）		○	○		強み：艶無しの色漆
					課題：コンセプトの明確化
ぐい飲み （酒器）		○	○		強み：統一コンセプト 　　　顧客に対する製品の使い方の提案
					課題：価格とクオリティ 　　　コラボレーション相手の製品価格とのバランス
「INOUE」 （WC）	○			○	特徴：デザイン（WC）
					課題：デザインとコストのバランス

注1）　製品開発体制は，井上仏壇が独自に開発したもの（創設したブランド）であるものを「単独」，コラボレーションで開発したものを「複数」と表記している。
注2）「WC」は「ウォッチワンダーケース」を指す。
※当該表は筆者が作成。

1.1　第1の研究視座のまとめ

　第1の研究視座は，井上仏壇が異分野での製品開発を進めるにあたり，構

築した製品開発体制について検討することである。最初に，同店がどのような
なアクターとのつながりを構築しながら体制を整えていったのかについて確
認する。

　同店にとって，最初の異分野での製品開発は「B ＆ G Collection」である。
このときは，井上自身が仏壇以外の製品を開発した経験がないこともあり，
主に彦根仏壇産地で活動するアクターと連携しながら体制を整えていった。
それ以外には，海外への出展をサポートしたJETRO，コンサルタント業を
営むK氏，HPを手掛けたWeb会社といったアクターなどと連携していたも
のの，全体としては地縁的な性格が強いものであったといえる。

　この体制が変化しはじめるのが「chanto」のときである。このときは，「B
＆ G Collection」のときの反省をいかし，プロダクトデザインを専門とする
デザイナーを招聘している。また，異分野での製品開発にかかるコストを賄
うために，行政支援を受けるようになった。このように，井上は「B ＆ G
Collection」のときに明らかになった課題を「chanto」の開発体制にいかし
ていく。

　冷酒カップは，井上仏壇がマザーレイクのチームの一員として開発した製
品である。このチームは，滋賀県の伝統産業に携わっているアクターを中心
に構成されていたため，井上仏壇は主に県内の仏壇業界以外の伝統産業に従
事するアクター（企業）とのつながりを構築している。そのほかにも，滋賀
県（商工観光労働部）や滋賀県工業技術総合センター，県内の大学教員など
がチームに参加しており，井上仏壇はこれらのアクターとのつながりも構築
していた。

　ぐい飲みは，冷酒カップの木地を活用した製品である。この製品は同じ滋
賀県で活動する愛知酒造とコラボレーションして誕生したものである。この
ときは，冷酒カップの木地をそのまま活用しており，製品としての工夫は艶
有りの色漆を調合し，塗装する程度であった。そのため，実質的な体制とし
てはコラボレーション先である愛知酒造，色漆の調合や漆塗りを担当した県
外の漆屋，彦根仏壇の漆塗師であるN氏というシンプルなものであった。

「INOUE」については，「B & G Collection」や「chanto」のようにグローバルレベルでの製品開発に重きを置いていたため，井上仏壇のなかでも最も多様性に富んだアクターとのつながりを構築している。井上仏壇の異分野における製品開発のなかでも，最も海外市場を意識してつくられたものがこの「INOUE」である。そのため，製品のターゲット層である海外の富裕層に彦根仏壇の伝統技術を知ってもらい，販売につなげることを目的に，同店は現地旅行会社と提携してツアーを実施している。また，海外市場の情勢に関する情報を入手するために，現地にショールームや流通を持つ日本の物産販売の支援を行う会社（現地企業）に業務を委託するなど，海外市場を強く意識した体制が構築されていた。次に，井上仏壇の製品開発体制の特徴と課題について検討する。

　井上仏壇の体制は大きく（1）「B & G Collection」，「chanto」，「INOUE」，（2）冷酒カップ，ぐい飲み，の2つのグループに分類することができる。前者は井上仏壇が独自で行っている活動であり，いずれもブランドを創設している。後者はコラボレーション製品であり，同店がチームの一員として製品開発を進めてきたものである。

　（1）は，主に海外展開を意識して構築された体制である。井上仏壇は，「B & G collection」，「chanto」，「INOUE」と新たな製品開発を進めるにつれ，彦根仏壇産地（滋賀県）以外の多様な分野で活動するアクターとの連携を強めていった。

　同じ異分野の製品開発ではあるが，（1）とは対照的な体制を構築していたのが（2）のグループである。（1）では主に海外展開を意識して仏壇以外の多様な分野で活動するアクターとの関係を重視していたのに対し，（2）では主に滋賀県内のアクターとの関係を重視した体制を構築していた。冷酒カップについてはマザーレイクという滋賀県の伝統産業に従事する企業を中心とした体制のなかで製品開発を進め，ぐい飲みについては同じ滋賀県で活動する愛知酒造と共働で製品開発を進めていった。これらの体制は（1）にくらべ，プロジェクトの期間が短いという特徴がある。これには，滋賀県という同じ

地域で活動するアクターと連携することで，活動に関する議論などのすり合わせが容易であったことや，開発する製品の数量（含試作品）そのものが少なかったことなどの要因があると考えられる。最後に，井上仏壇の体制についての課題を述べる。

　これまで，同店は多様な体制を構築しながら異分野での製品開発を進めてきた。井上仏壇はこれらの体制のもと，効果的な製品開発を展開してきたが，今後はこれらの活動そのものに関する諸データを整理し，次なる製品開発へいかしていく必要があると思われる。同店は2009年の「B ＆ G Collection」以降，短期間で新たな異分野の製品を次々と開発してきた。今後は，これまでの活動から得た諸データを整理し，それらを効果的に活用できるような体制を整えることが重要になると思われる。

1.2　第2の研究視座のまとめ

　第2の研究視座は，井上仏壇の異分野での製品開発と彦根仏壇の伝統技術との関係性について検討することである。同店は，異分野での製品開発を進めるにあたり，すべての製品分野[2]で彦根仏壇の伝統技術を活用している。ここでは，プロジェクトごとに彦根仏壇の伝統技術の活用度合い（技術の数や程度）について確認し，その特徴や課題について検討する。

　「B ＆ G Collection」のときは，井上仏壇にとってはじめての異分野での製品であったものの，活用されている技術はブランド全体で6種類と多い。これは，井上がコンサルタント業を営むK氏から彦根仏壇の伝統技術を活用した製品開発を勧められたことをきっかけに開発をはじめたためである。このようなきっかけで「B ＆ G Collection」の開発ははじまったため，井上は彦根仏壇の工部七職のうち，六職の職人に製造を依頼している。

　このように，「B ＆ G Collection」はブランド全体に活用されている技術は多いものの，カテゴリーごとにみてみると，2〜4つ程度にとどまっている。これは，製品開発から展示会までの期間が数ヵ月程度と短期間であったためである。また，技術の活用の程度についても，照明の金具（錺金具）に

使用されている技術（透かし）は高いものの，そのほかの製品にはそれほど高い技術が活用されているわけではない。「B & G Collection」はブランドとしては高い評価をうけたものの，製品コンセプトやデザインといった課題も明らかになった。井上は，これらの課題に対応するには製品コンセプトやデザインを洗練させていくことが重要であると考えるようになった。そのため，井上は技術面からこれらの課題に対応するために，技術の数を絞り，より高度なものを活用していくようになる。

　「chanto」では「B & G Collection」とは異なり，活用されている技術は漆塗りの1種類のみである。また，「B & G Collection」では高級インテリアという製品シリーズであったが，「chanto」ではカフェ用品シリーズと対象製品の枠を狭めている。さらに，プロダクトデザインを手掛けるデザイナーを招聘することで製品コンセプトやデザインの洗練化を進めた。このような活動により，井上は「B & G Collection」で明らかになった製品コンセプトやデザインといった課題に対応していった。この「chanto」に活用されている漆塗りの技術は，海外・国内を問わず対外的に高い評価を受けた。「chanto」には漆塗りのなかでも色漆の技術が用いられており，その色づかいは彦根仏壇の漆塗師であるN氏により表現されている。「chanto」に用いる色漆を調合するには高度な技術が必要とされ，色のバリエーション（色の種類）を増やすことで製品そのものの魅力を高めるという方向で開発が進められていった。

　冷酒カップとぐい飲みについては，前述した「chanto」の方向性と基本的には同じである。これらの製品も「chanto」と同様，「木と漆」をテーマにしたものであり，活用している技術も同じ漆塗り（色漆）のみである。ただし，これらの製品に用いられている色漆は「艶有り加工の有無」という点が異なっている。この場合，艶有り加工とは漆（透漆）に油を入れることで漆に艶をだす技術のことである。井上仏壇は冷酒カップには艶無しの色漆を，ぐい飲みには艶有りの色漆を用いている[3]。冷酒カップについては，マザーレイクというチームで製品開発会議を重ね，開発を進めていたことが艶無しの色漆

を用いることにつながっている。それは会議で「艶無し加工を施した色漆を使っても面白いのでは」との意見が出たためである[4]。井上はこの意見を取り入れ，艶無しの色漆を用いた冷酒カップを開発した。ぐい飲みの場合は，愛知酒造との打ち合わせを経て，「日本酒がおいしそうにみえるように」との思いから[5]，艶有りの色漆（朱漆）を用いることを決定した。これは，艶有りの色漆を用いることで光の反射度が高まり，日本酒に光が反射しておいしそうに見えるためである。色漆の種類については冷酒カップが2種類[6]，ぐい飲みが1種類と少ない。これは，冷酒カップの場合，井上仏壇はマザーレイクというチームの一員として開発しているため，チームの活動に合わせて製品を開発しなければならなかったことが要因であると思われる。ぐい飲みの場合，愛知酒造との間で「井伊の赤備え」という共通したテーマを共有していたため，朱漆のみの開発であったと思われる。

「INOUE」は，井上の「chanto」を超えるものをつくりたいという思いをきっかけに開発された。このブランドは彦根仏壇の伝統技術が複数，場合によってはそのすべてが活用されており，価格も数十万～数千万円と高額である。現在，「INOUE」の製品ラインナップは5種類であり，活用されている技術は2～7つと幅がある[7]。そのなかでも，「INOUE」の製品すべてに活用されている技術は塗装（含漆塗り）と蒔絵である。塗装については，すべての製品に漆塗りが施されているわけではなく，カシューやウレタンなども使用している。これは，仮にすべての塗装箇所に漆塗りを施すことになれば，コストがかかりすぎてしまうためである。そのため，天然漆は要所での使用に留められている。蒔絵については，素材に金やプラチナを使用しているため，「IONUE」のなかで最もコストが高い工程である。

このように，井上仏壇は「B ＆ G Collection」，「chanto」，冷酒カップ，ぐい飲み，「INOUE」とさまざまな分野の製品に彦根仏壇の伝統技術を活用してきた。これらの製品開発を彦根仏壇の伝統技術の活用という観点からみてみると，すべての製品分野において塗装（含漆塗り）の技術が活用されていることがわかる。つまり，彦根仏壇の伝統技術のなかで塗装（含漆塗り）

の技術は活用しやすいものであると考えられる。特に色漆については，井上仏壇の場合，彦根仏壇の漆塗師であるＮ氏が担当することで高品質でバリエーションの豊富なものを生み出すことができる状況にある。そのため，同店は今後，主に漆塗りの技術を活用した製品を開発していくことが重要になるのではないかと思われる。

1.3　第３の研究視座のまとめ

　第３の研究視座は，井上仏壇の開発した製品の特徴（強み）と課題について検討することである。ここでは同店が開発した製品について分野別にみていく。「Ｂ ＆ Ｇ Collection」は，もともと彦根仏壇の伝統技術を活用した新製品をつくるという前提のもと開発されている。ただし，第２章で述べたように，同ブランドの開発は「開発する製品に適した技術を選択する」というスタンスで進められていった。そのため，このブランドには工部七職の技術がすべて使われているわけではない。また，「Ｂ ＆ Ｇ Collection」は，ICFFでブランドとしては高い評価を受けている。ここでの評価を受け，井上は彦根仏壇の伝統技術を活用した製品開発に手ごたえを感じるようになる。ただし，ICFFにおいて「Ｂ ＆ Ｇ Collection」は一般受けしにくいという指摘も受けていた。これは彦根仏壇の伝統技術を活用するという前提から開発がはじまっているため，和の印象が強い製品になってしまったということや，製品コンセプトやデザインの詰めが甘かったことが主な要因である。井上はICFFでの評価を受け，「chanto」においてそれらの点を改善していく。

　「chanto」では，「Ｂ ＆ Ｇ Collection」とは逆に彦根仏壇の伝統技術は１つ（漆塗り）しか活用されていない。このブランドの特徴は，専門家（プロのデザイナー）の意見をデザインに反映させていることや色漆を用いている点にある。特に「chanto」では色漆のバリエーションが豊富（10種類）であり，この色づかいが国内外から高い評価を受けている。「chanto」はカフェ用品シリーズであるため，「Ｂ ＆ Ｇ Collection」にくらべ，対象製品の枠は限定されているものの，多くのメディアに取り上げられており，井上仏壇のPRに

大きく貢献しているブランドである。このように，井上は「chanto」を開発するにあたり，「B ＆ G Collection」のときに得られた教訓をいかして製品コンセプト（対象製品の絞り込み）やデザイン（専門家との連携，色漆の活用）といった点を改善していった。一方で，「chanto」には製品の価格といった課題がある。前述したように，「chanto」はカフェ用品シリーズであるため，個々の製品はそれほど高価格ではない[8]。このように，「chanto」それ自体からは大きな成果を得ることが難しいという状況にある。そのため，井上仏壇は「chanto」を対外的なPRに活用することで価格の課題に対応している。

　冷酒カップについても，「chanto」と同様，彦根仏壇の漆塗りの技術のみを活用している。この製品の特徴は艶無しの色漆を用いている点にある。井上は「chanto」には艶有り加工を施した色漆を用いていた。艶有り加工とは漆に油を入れることであり，「chanto」の場合は漆の精製段階で油を入れている。これとは逆に，艶無し加工とは漆の精製段階で油を入れないことである。冷酒カップでは艶無しの色漆を用いているが，これはマザーレイクの会議で艶無しの色漆を用いることが提案されたためである。井上はこの意見を取り入れたため，冷酒カップには艶無しの色漆が塗装されている。この製品は一定数の売上を記録したが，製品コンセプトを明確にはできなかったという課題もあった。これは，マザーレイクというチームで統一した製品コンセプトを設定し，そのコンセプトに沿って各企業が製品開発を進めることは困難であったと考えられるためである。この課題に対応するため，井上仏壇は艶無しの色漆を用いるなど，製品に新たな価値を付与することで対応していった。

　ぐい飲みについても「chanto」や冷酒カップと同様，彦根仏壇の漆塗りの技術のみを活用している。これらの製品はそれぞれ別のものであるが，「木と漆」を用いている点は共通している。ぐい飲みは，井上仏壇と同じ滋賀県内で活動する愛知酒造とのコラボレーションにより誕生した製品である。井上はぐい飲みを開発するにあたり，「井伊の赤備え」という具体的な製品コンセプトを設定し，顧客に製品の特徴を伝えやすくした。また，この製品は

愛知酒造とのコラボレーション製品でもあるため，愛知酒造の日本酒とこのぐい飲みはセットで販売されている[9]。そのため，顧客にぐい飲みを使って日本酒を飲むことを提案できるという効果も生まれた。ぐい飲みについても冷酒カップと同様，一定数の売上を記録しているが，コラボレーションによる課題も明らかになった。それらは，(1) 製品のクオリティと価格設定，(2) コラボレーション先の提示した製品価格とのバランス調整といったものである。(1) はぐい飲みに塗装する色漆に関するものであり，井上仏壇はその工程を漆屋や彦根仏壇の漆塗師であるN氏に依頼しているため，製品のクオリティは高いものの，高価格であるということである。この問題は類似製品との差別化を図るためには製品自体のクオリティも重要な要素になるため，慎重な対応が必要である。(2) はコラボレーション相手である愛知酒造が提示している日本酒との価格差が大きくなると，顧客の側が価格の安い方の製品を高い方の製品のおまけのように感じてしまう可能性があるというものである。この課題に対し，井上は愛知酒造のコラボレーション製品の価格に対する考えを尊重するというスタンスをとることで対応していった。

「INOUE」については「B ＆ G Collection」と同様，彦根仏壇の伝統技術を複数，場合によってはそのすべてを取り入れるというコンセプトのもとに開発がはじまっている。ただし，「B ＆ G Collection」がブランドとして七職のうち六職の技術を活用していたのに対し，「INOUE」はブランドとしてはすべての技術を活用している。そのため，製造期間は「B ＆ G Collection」が6〜10週間程度であるのに対し，「INOUE」は10〜34週間程度と長い。また，価格についても「B ＆ G Collection」が数万〜数十万円程度であるのに対し，「INOUE」は数十万〜数千万円と大きな開きがある。

「INOUE」は，井上の「chanto」を超えるものをつくりたいという思いから開発がはじまっているため，開発当初からグローバルレベルで通用する製品づくりを目指していた。そのため，「INOUE」と「chanto」には製品コンセプトやデザインを明確にするために多くの時間と労力を費やしているという共通点がある。具体的には，開発中の段階から市場調査や展示会への出展

などの活動を積極的に展開し，ターゲット層の試作品に対する評価などの情報を収集することで製品開発にいかしているという点である。「INOUE」は「chanto」と同様，試作品の段階から展示会などで高い評価を受けているため，一定の成果を上げているといえるが，製品デザインとコストとのバランスという課題も抱えている。これは，製品に取り入れる彦根仏壇の伝統技術が多すぎると製品デザインが限定されたものになってしまい，コストが増加していくということである。そのため，今後は活用する技術を絞り込み，製品デザインを洗練化させつつも製造コストを削減し，価格を見直すことが必要になると思われる。

2. 本研究における課題

　本研究では，滋賀県彦根市で活動する井上仏壇を調査対象とし，同店の彦根仏壇の伝統技術を活用した異分野での製品開発について検討した。同店の異分野での製品開発は大きく5つ（「B & G Collection」，「chanto」，冷酒カップ，ぐい飲み，「INOUE」）に分類でき，ここではそれらについて(1)活動の全体像とプロセス，(2)製品の特性（概要と特徴〔強み〕および課題）について個別に概観した。そのうえで，本研究のまとめとして3つの研究視座（製品開発体制，製品開発と彦根仏壇の伝統技術との関係性，製品の特徴〔強み〕と課題）について検討した。

　本研究では，井上仏壇の異分野での製品開発について，このような形でのアプローチを試みてきたが，残された課題もいくつか存在している。そのため，最後にこれらの課題について述べる。

　第1に，井上仏壇の製品開発をより包括的な視点でとらえ，検討することが必要であるという点である。たとえば，同店は異分野での製品開発をはじめる前にもさまざまな製品を開発している。具体的には，栄光(eco)仏壇や金紙仏壇といった仏壇である。当初，井上仏壇はこれらの仏壇を開発してい

たが，「B & G Collection」をきっかけに，異分野での製品開発をはじめるようになる。このように，これら栄光（eco）仏壇や金紙仏壇などの製品開発活動についても確認し，検討することで井上仏壇の製品開発についてより深い視点でとらえることが可能になると考える。

　第2に，井上仏壇の異分野での製品開発と同店の仏壇・仏具に関する製品開発との関係性について検討することが必要であるという点である。井上仏壇は，現在も「柒⁺」や御文・御文章カバーなど，新たな仏壇・仏具を開発している。そのため，同店の異分野での製品開発と仏壇・仏具に関する製品開発はそれぞれ完全に独立して進められているわけではないと考えられる。このように，井上仏壇の製品開発について仏壇・仏具とそれ以外のものとの関係性について検討することは，彦根仏壇の伝統技術の活用方法に関する新たな知見を得ることができる可能性があるため，必要であると考える。

　第3に，彦根仏壇の職人の視点を取り入れることが必要であるという点である。本研究では，井上仏壇の異分野での製品開発において，彦根仏壇の伝統技術に関する記述はなされているものの，その技術の担い手である職人の視点を取り入れているわけではない。そのため，同店の製品開発についてより詳細に記述するのであれば，活用する技術の担い手である職人の思いや考えといったつくり手の視点を取り入れることが必要であると考える。

注

1）上野輝将ほか6人（2015:544-5）。
2）ただし，「chanto」のコンテナは除く。
3）なお，「chanto」については，ぐい飲みと同様に艶有りの色漆が塗装されている。
4）2019年6月20日，井上昌一（井上仏壇代表）へのインタビューによる（94分，「艶無し加工を施した色漆を冷酒カップに用いたきっかけについて」ほか）。
5）2019年3月11日，井上昌一（井上仏壇代表）へのインタビューによる（120分，「ぐい飲みにおける日本酒の見栄えについて」ほか）。
6）ただし，試作品を含めると合計で5種類の色漆を用いている点には注意が必要である。

7）2017年9月時点。

8）ただし，一般的なカフェ用品とくらべると高額である点には注意が必要である。

9）ぐい飲み単品としては井上仏壇でも販売している点には注意が必要である。

参考文献

上野輝将ほか6人，2015，『新修 彦根市史 第4巻 通史編 現代』彦根市。

伝統産地の特性と活動
——滋賀県彦根市を中心とした彦根仏壇産地の事例

仏壇の製造工程「工部七職」

1. 問題の所在

　わが国には，「地域の歴史や文化を色濃く反映し，数百年にわたって生き続ける地場の伝統的な産業の集積地（伝統産地）」が存在している[1]。それらの集積地では，長い年月をかけて築き上げられた固有の有形無形の資産が存在しており，ほかの地域が模倣することは困難である。そのため，このような地域は産地の発展という観点からみて高い潜在能力があると考えられる。以上の内容を踏まえ，本章では仏壇産業で知られる彦根仏壇産地を取り上げ，産地の特性と活動について概観する。

　彦根仏壇産地でつくられる仏壇は「彦根仏壇」とよばれ，その歴史は350年以上にもおよぶ。彦根仏壇のはじまりについては諸説あるものの，一説によれば江戸時代中期ごろに塗師や武具師，細工人などの職人が仏壇屋へ転身したことにあるといわれている[2]。他産業から仏壇産業へと転身した職人たちは彦根藩の強力な庇護を受け，彦根城下町の南西部に位置する七曲がり地域で活動することで彦根仏壇産地は発展への道を辿っていった。しかしながら，近年ではライフスタイルや価値観の変化などにより，産地での一般的な仏壇の需要は減少傾向にある。さらに，安価な海外製品の品質が向上してきているなどの要因もあいまって，彦根仏壇産地の売上はピーク時の半分以下にまで落ち込んでいる[3]。しかしながら，彦根仏壇はその高い品質や技術が認められていることも事実である。実際に彦根仏壇は，わが国の仏壇業界ではじめて伝統的工芸品の指定を受けており[4]，製品としての潜在能力の高さを証明している。また，産地ではこのような厳しい状況を乗り切るため，さまざまな活動を行っている。

　これらの内容を踏まえ，本章では「彦根仏壇の製造工程および彦根仏壇産地におけるさまざまな活動」について明らかにすることを主たる目的とする。彦根仏壇の製造工程については主に工部七職とよばれる職人が手掛ける各工程の特徴を，活動については創作仏壇の開発や産地振興に関わる活動につい

てみていく。前者は彦根仏壇の潜在能力（主に製造工程の側面からみた模倣困難性）について探索するものであり，後者は産地が現状を打開すべくどのような活動を行っているのかについて確認するものである。

　以下，本章の構成について述べる。第2節では，クラスター概念に関する先行研究をもとに，本章におけるクラスター概念について検討する。第3節では，彦根仏壇産地および彦根仏壇の概要についてみていく。第4節では，彦根仏壇産地で行われているさまざまな活動について確認する。第5節では，結語と今後の課題について述べる。

2.　本章におけるクラスター概念の検討

　クラスターとは，もともと「ぶどうの房のような『塊』」[5]を示すものである。クラスター概念の提唱者であるPorter（1998=1999）は，クラスターを「ある特定の分野に属し，相互に関連した，企業と機関からなる地理的に近接した集団」[6]と定義している。

　本章では，このPorterの定義に関し，次の点について検討する。それらは，(1)特定の分野（以下，クラスターの産業分野），(2)相互に関連した企業と機関（以下，クラスターを構成するアクター），(3)地理的な近接（以下，クラスターの範囲），の3点である[7]。

　まず，(1)のクラスターの産業分野である。金井（2003）が述べているように，クラスターの産業分野とは伝統的な産業分野を意味しない[8]。彦根仏壇産地をクラスターという観点からみてみると，仏壇・仏具といった分野がその中心的存在ではあるものの，それ以外にも文化財・寺社仏閣の修復関係調査研究など，仏壇に関する技術をいかした活動も行っており，「仏壇を中心とした産業分野」ととらえることができる[9]。

　次に，(2)のクラスターを構成するアクターである。Porterによれば，クラスターは当該産業に関する企業だけでなく，大学，シンクタンク，職業訓

練機関，規格制定団体などの多様なアクターが含まれている場合が多い[10]。そのため，ここでは彦根仏壇産地で仏壇の製造・販売などを行っている企業に加え，業界団体である彦根仏壇事業協同組合やNPO法人「彦根仏壇伝統工芸士会」，地元の滋賀県立大学（彦根市）など，彦根仏壇に関連するさまざまなアクターについてもクラスターを構成するアクターととらえる。

　最後に，(3)のクラスターの範囲である。Porterはクラスターの範囲について，必ずしも行政上の区分と一致するわけではなく，さまざまな事情によって変化すると述べている[11]。この点を検討するにあたり，原田(2013)の地域概念が参考になる。原田は地域という概念を「ある特定化された区画としてのコンテンツではなく，いかなる次元の区画を設定しても何らかの価値を創出するための仕掛けを示す区画であり，ある種の価値創出装置というコンテクストである」[12]としている。この原田の地域概念を本章のクラスター（彦根仏壇産地）の範囲にあてはめた場合，「彦根仏壇産地という価値を生み出している区画」という点がポイントになる。これは彦根仏壇産地がそのまま彦根市を指すものではないことを意味している。実際に彦根仏壇事業協同組合に加盟している組合員についてみてみると，その大半が彦根市で活動しているものの，近隣の米原市，長浜市，東近江市などに活動拠点を置いているものも存在する[13]。これらの点を踏まえ，ここでは彦根仏壇産地（クラスター）の範囲を彦根市を中心とした（行政区分ではない）範囲ととらえる。

3. 彦根仏壇産地および彦根仏壇の概要

　本節では，彦根仏壇産地の特徴と現在の状況について確認し，彦根仏壇の製造工程について概括する。

3.1 彦根仏壇産地の特徴と現状

　面矢(2015)は，彦根仏壇産地の特徴について，産地における各事業体の

規模の側面から述べている。それによると，彦根仏壇産地は大きく工部（仏壇の各部をつくる職人）と商部（組立／販売業者）により構成されており，前者の大半は個人や従業員が5人以下の小規模経営であるのに対し，後者は個人業者はあるものの，従業員100人以上の企業が2社，50〜100人以下の企業が2社存在する[14]。また，産地の工部と商部の勢力比は必ずしも均衡しているわけではなく，「産地振興をめざす組合[15]活動の指導権を商部がリードし，企業規模の零細な工部がそれに従うという構図がしばしば見られる」[16]としている。また，面矢は彦根仏壇産地の現状についても述べており，伝統的工芸品の仏壇製造技術に優位性がある一方，普及品の小型低額仏壇の生産には向かないという課題があることを指摘している[17]。

3.2　彦根仏壇の製造工程

　一般に，彦根仏壇は工部七職と呼ばれる職人により手掛けられている。それに対し，仏壇店は職人がつくった部品の検品や最終工程である組立作業などを行う。ここでのポイントは，職人（工部）は各自の仕事に専念する一方で，仏壇店（商部）は最終工程である組立作業に加え，品質管理（検品など）を含む仏壇製造の全体的なプロセス管理を担っている[18]という点である。彦根仏壇の各工程における作業期間についてみていくと，木地（60日），宮殿（30日），彫刻（60日），本体塗り（30〜100日），小物塗り（15〜45日），金箔・金粉（10〜45日），金具（60日〔金メッキを含む〕），蒔絵（10〜30日），組立（10〜20日）となっている[19]。ただし，実際には同時に行う工程もあるため，各工程の作業期間の和が仏壇の製造期間というわけではなく，一般的には完成に7ヵ月〜1年ほど要するという点には注意が必要である[20]。また，各工程の作業期間をみてみると，最も時間を要するのが塗装（本体塗り，小物塗り）であり，木地，金具，彫刻がそれに続いていることがわかる[21]。続いて，工部七職の各工程について主に技術や材質の側面から確認し，概括する。

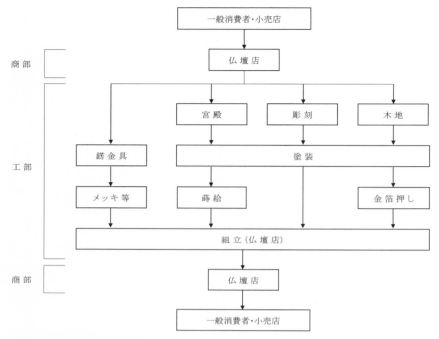

図補1.1　彦根仏壇の製造工程

※当該図は井上仏壇提供資料をもとに筆者が作成。

［木地］

　欅，檜，杉などの木材を用途別に選別し，仏壇の本体を製造する工程である[22]。木地の工程では設計図の役割を果たす「杖（定規ともいう，以下杖）」が必要になる[23]。ここでいう杖とは「発注者の注文に応じた寸法（巾，高さ，

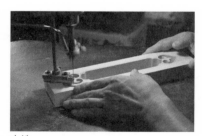

木地

奥行き，各部分の実寸）に物指を用いて一本の白木（２センチ角材）に墨で目盛りを打ち全体の寸法を定め」[24]たものである。なお，この工程では，職人は釘を使わない「ほぞ組み」という方法で仏壇の本体を組み立てていく。次

に木地の材質についてみていく。

　木地の材質については，無垢材か合板（ベニヤ板）のどちらが用いられているのかという点がポイントになる。無垢材は「森林から伐採された丸太から製材して木取りした」ものであり，合板は「材木を薄く削った単板を木目が交差するよう奇数枚接着剤で貼り合わせた板」のことを指す[25]。無垢材には希少価値があり，耐久性も実証済みである。それに対し，合板は多くの仏壇で使用されているものの，耐久性は未確定な部分がある。ただし，加工や塗りといった作業を行う場合には無垢材のほうが合板よりも難しいため，一概にどちらが優れているとはいえないのが現状である[26]。

［塗装］

　仏壇の製造工程のなかで最も工程期間が長く，重要とされているのがこの塗装の工程である[27]。ここでは，塗装工程や代表的な塗料である漆と仏壇との関係についてみていく。

　塗装工程については，大きく天然漆手塗りと樹脂塗料のスプレー吹き塗装（以下，スプレー塗装）に分類される。前者は漆の

漆塗り

木から採取した天然漆（100％）を使用するのに対し，後者は天然（カシュー）または化学（ウレタンなど）樹脂を成分とした塗料をシンナーで薄めて使用する工程である。天然漆手塗りは，スプレー塗装に比べ高度な技術が必要であり，深みのある色艶が特徴でもあることから価値が高い[28]。

　次に，漆と仏壇との関係についてみていく。三田村（2005）によれば，漆とは「漆科植物（Anacardiaceae）内のうるし属植物に傷をつけた際に，にじみ出る樹液」[29]のことを指す。わが国では，漆は古来から塗料や接着剤として用いられており，その芸術性や実用性という側面から高い評価を受けてきた物質である。そのため，彦根仏壇産地においても伝統的工芸品[30]や彦根仏

壇組合合格壇[31]については天然漆手塗りであることが必要要件であるとされている[32]。

[金箔押し]

　金箔押しの工程では，職人が３寸６分（約119㎠）と４寸２分（約147㎠）の金箔を１枚ずつ箔押し漆のうえに押しつけ，張り合わせていく[33]。また，小物についてはカッターで切り，竹製のピンセットで押しつける[34]。彦根仏壇

金箔押し

を製造する場合，仏壇１本に1,000枚以上もの金箔が使用される[35]。次に，金箔押しの工程についてみていく。金箔押しの工程は，大きく「天然漆での金箔押し」と「代用液での金箔押し」に分類される。前者は金箔押し用の天然漆を使用するのに対し，後者は代用液を使用する。また，天然漆を用いて金箔押しを行うには，漆の調合やふき取りなどの点で高度な技術を必要とする。そのため，希少価値が高く，主に高級仏壇を製造する際に行われる。一方，代用液を用いた金箔押しは比較的手軽に行うことができ，量産仏壇を製造する際に行われる[36]。なお，金箔押しと金箔との関係についてみてみると，天然漆での金箔押しは縁付け金箔と相性が良く，代用液を用いた金箔押しは断ち切り金箔[37]と相性が良い[38]。

[金具〔錺金具〕・メッキ]

　真鍮，銅，銀などを用いて彫金（手彫りや手加工）により，仏壇の装飾金具をつくる工程である[39]。ここでは，彦根仏壇に用いられる金具の種類についてみていく。彦根仏壇に用いられる金具は，手彫り金具，電気鋳造金具（以

錺金具

下，電鋳），プレス金具がある。手彫り金具とは「仏壇木地を採寸し，それに合せて，人の手で，真鍮や銅の地金に鏨（たがね）を金槌で打って，彫りや模様を入れた金具」[40]である。電鋳とは「優れた手彫り金具（主に地彫り金具[41]）を基型にして，塩化ビニール樹脂で型を取り，電気溶解した銅をそこに付着させることによって造られる金具」[42]である。そして，プレス金具とは「優れた手彫り金具（主に毛彫り金具，鋤彫り金具，透かし金具）を基型にして，金型を作り金属では比較的やわらかい銅地金に5〜6回に分けて，70〜300トンの圧力をかけて造られた金具」[43]である。

　メッキについては，一般的に金メッキ（艶有）と消し金メッキ（艶を消したもの）があり，現在では消し金メッキを使用することが多くなってきている[44]。

［蒔絵］

　彦根仏壇の蒔絵はその豪華さが特徴であるとされている。蒔絵の工程では，最初に硫おうまたは漆を用いて下絵の図柄を描く。次に下盛りや漆を塗りこむことで調整し，金粉などを蒔く。そして，青貝を貼ったり，線を描いたりする[45]。次に，蒔絵の技法についてみていく。仏壇に活用される蒔絵の技法

蒔絵

は，一般的に印刷蒔絵と手描き蒔絵に分類される。前者はシルクスクリーン印刷によるもので，同じ絵を印刷することができる技法である。この技法は主に安価な仏壇に活用されている[46]。後者は「蒔絵用筆を使って漆で絵を描き，その漆が乾く間際に金粉をその上に蒔いて絵を表現する技法」[47]である。さらに，手描き蒔絵は磨き蒔絵と消し蒔絵に分類される。磨き蒔絵とは絵を描いたあとに研いで生漆を塗り，磨き上げる技法である。この技法の特徴は，漆の膜ができるため，こすってもはげない点や金粉の色に深みが出る点

などにある。消し蒔絵とは，絵を描いたままで仕上げる技法である。この技法の特徴は，絵を描いたままで仕上げるため，こするとはげてしまう点や，比較的安価に絵を描けるという点などにある[48]。なお，蒔絵の工程は仏壇の完成に近い段階で行われ，大掛かりな乾燥を必要とせず，作業期間はほかの工程に比べ比較的短い[49]。

[宮殿]

　宮殿とは，小さな木片を木工用接着剤をつけ，屋根や柱をつくる工程である[50]。仏壇の宮殿は，御堂造りと通り屋根に分類される。前者は，三方向を立体に形づくるのに対し，後者は前からの一方向のみをつくる技法である。この工程は，細かい部品を組み立てて

宮殿

いくため，ミリ単位の精度が必要とされる[51]。そのため，木地の工程と同様に釘を使わない「ほぞ組み」という方法で組み立てられており，仏壇を洗濯する際に塗り直しや金箔直しができるよう，分解可能な構造になっている[52]。また，宮殿の金箔を押す部分については，安価な仏壇の場合は正面に，高価な仏壇の場合は正面に加え，側面にも金箔押しを施す。そして，さらに高級な仏壇になると，宮殿に黒の艶消し漆を塗り，三方に金箔を押す[53]。なお，近年では外国産（主に中国）のものが多くなってきており，塗装や金箔押しの工程を経たものまで輸入されている。ただし，これらの製品は安価であるものの，国産のものに比べ精密さの点では劣っているとされる[54]。

[彫刻]

　この工程では，仏壇の装飾部にのみや小刀を用いてさまざまな図柄（花，羅漢，天人，菩薩など）のデザインを彫り上げていく[55]。彫刻師は下絵を描き，それをもとに植物や動物などの立体物を彫るという作業を行う。また，仏壇

の彫り方には，丸彫り，重ね彫り，付
け立ち彫りといったものがある。丸彫
りは「1枚の素材で彫り上げる彫り
方」[56] である。重ね彫りは「地板（上
影の台になる彫刻）と上影の二重に重
ねて彫り上げる彫り方」[57] である。付

木彫刻

け立ち彫りは「地板と上影の間につけ台を付けて空間を作り彫り上げる彫り
方」[58] である。彫刻については，1970年代に樹脂による型抜きのものが出現
しはじめ，1980年代になると海外（主に台湾・韓国）の木彫刻が輸入される
ようになり，現在でも海外製彫刻（主に中国）が主流になっている。そのため，
仏壇製造において最も危機的状況にある工程である[59]。

　ここでは，主に彦根仏壇の製造工程について主に技術や材質の側面から確
認した。それによると，彦根仏壇の製造工程においては分業制が発達してお
り，各工程についても高度な技術やそれにもとづく高い品質を維持している
ことがうかがえる。これらのことから，製造工程の側面からみてみると，彦
根仏壇は模倣困難性の高い製品であると考えられる。

4.　彦根仏壇産地における諸活動

　本節では，彦根仏壇産地で行われてきたさまざまな活動（創作仏壇のデザ
イン開発，産地振興関連）について面矢（2005, 2015）を中心に概観する。

4.1　創作仏壇のデザイン開発

　ここでは，彦根仏壇産地における創作仏壇のデザイン開発のきっかけと，
その歴史的変遷について確認する。彦根仏壇産地における創作仏壇のデザイ
ン開発については，以前はそれほど積極的に行われてきたわけではなかった。

その理由について，面矢は「デザインと伝統工芸の関わりからは，個々の製品をデザインすることよりも，その製品を生み出す基盤としての産地体質の改善（いわば産地そのもののデザイン）こそが優先されるべきと考えたからである」[60]と述べている。

　面矢（2005）によれば，彦根仏壇産地において創作仏壇のデザイン開発がなされるようになったのは2004年からである。そのきっかけは，彦根仏壇事業協同組合の新商品新技術開発委員会が研究テーマに創作仏壇の開発を選択したことや，さまざまな助成申請が採択されたこと，などがある[61]。

　この創作仏壇プロジェクトは，大きく学生プロジェクトと創作仏壇の開発プロジェクトに分類される。学生プロジェクトについては，まず学生が仏壇の制作技術を知るために七曲がりの職人工房を訪問することからはじまった。そして，学生達はそのような活動を行ったうえで，仏壇そのもののデザイン（ハード提案）と仏壇の売り方やサービス（ソフト提案）を彦根仏壇事業協同組合の人々にプレゼンテーションした。仏壇そのもののデザインについては，卓上における小型のもの，形状可変の積み木のような極小の仏壇，ポータブルな位牌ケース，液晶画面を利用した仮想的仏壇などが提案された。また，仏壇の売り方やサービスについては，彦根仏壇事業協同組合のHPのリ・デザインや七曲がりの産業観光を意識したパンフレットなどが提案された[62]。

　一方，創作仏壇の開発プロジェクトについては，「なぜ，どんなとき仏壇が売れるのか。それが創作デザインであることの意味は。業界内での彦根のポジションと創作を出すことの意義は。また，創作仏壇の市場性はどの程度あるのか」[63]など，開発コンセプトづくりに多くの時間が費やされた。同プロジェクトでは，このようなコンセプトづくりに多くの時間を費やすことに加え，仏壇業界内外の関連情報や各地で実施されている創作仏壇のデザインに関する情報などを収集し，彦根以外の他産地の状況調査や東京市場での消費者アンケートなどの活動を行っていた。そして，開発チームが最終的に提示した創作仏壇のデザインおよびCG表現を担当したのは滋賀県立大学の大学院生（当時）であり，このデザインは組合共有のものとなっている[64]。

その後，彦根仏壇産地では，現在に至るまでさまざまな創作仏壇（新デザインの開発）に関する活動が行われている。ここでは，それらの活動について面矢（2015）の記述をもとに確認する。

　面矢（2015）は虹の匠研究会（詳細は次項に記載）をきっかけに，彦根仏壇の技術を活用した新製品の開発に向けての動きが起こりはじめたと述べている。その試みが，2000年に広報された4種類の木製・漆塗りのカバン[65]である。その後も，2003年にはジャガーグリーン[66]の仏壇，2005年には電動昇降装置付仏壇[67]など，さまざまな創作仏壇が開発されている。そして，2010年代に入ると，仏壇の製造技術を使った新製品を開発する若手グループ「柒⁺」[68]が誕生し，メンバーによるさまざまなスタイルの仏壇が現在にいたるまで開発されている。

4.2　産地振興に関する活動

　ここでは，主に彦根仏壇産地における産地振興に関わるさまざまな活動について確認する。主に（1）虹の匠研究会，（2）彦根仏壇展と工芸技術コンクール，（3）第17回全国伝統的工芸品仏壇仏具展（以下，全仏展），を取り上げる。

　（1）の虹の匠研究会とは滋賀県内のデザイナー団体（デザインフォーラムshiga，略称DFS）数名と彦根仏壇事業協同組合の代表者数名で構成されたものであり，「現状の仏壇産業の抱える問題点の抽出，デザインによるその解決策の検討など」[69]を目的にしている。面矢（2005, 2015）は，この研究会をきっかけに行われた彦根仏壇の技術を活用した新製品開発について触れている。前述したように，新製品のアイテムにはカバンが選ばれ，彦根仏壇事業協同組合青年部と滋賀県工業技術総合センターのデザイナーによりデザインおよび試作が行われた[70]。面矢（2005）は，この活動について「彦根産地のもつ潜在的な技術力が仏壇以外の分野でも展開できる可能性を示すことはできたと思う」[71]と述べている。

　（2）の彦根仏壇展とは，彦根市内のショッピングセンターで行われるイベントのことである。面矢（2005, 2015）は仏壇の展示に加え，仏壇技術の体験

教室などが行われていることの重要性と意義について述べている。また，彦根仏壇事業協同組合員の工芸技術コンクールとは，仏壇技術の継承と若手育成のために毎年行われているものである[72]。このイベントでは，伝統工芸部門と創作部門に分かれて作品を募集し，審査が行われる。自身も作品の審査員として参加している面矢は，伝統工芸部門は例年すばらしい作品が出てくるものの，創作部門の応募者は苦しんでいるようにみえたとし，「仏壇の職人に仏壇以外の製品の創作，つまりデザインまでを求めるのはやはり難しいのだろう」[73]と，その原因を指摘している。ただし，仏壇とは関係のない製品分野として可能性を感じさせる作品にも出会うことがあり，彦根仏壇産地にもデザインセンスの優れた職人がいることを知ったということについても述べている[74]。

　（3）の全仏展とは，2003年に彦根仏壇産地で開催されたイベント[75]である。このイベントを開催するにあたり，デザイナーが企画委員会で主張したことは，これまで業界内でのイベントであったものを一般消費者にも来てもらえるようなものにしたい，ということであった[76]。そして，このイベントでは伝統工芸品としての仏壇を並べることに加え，それ以外の一般製品も並べ，商談を進めることが必要であるとの主張もなされた。このイベントの総来場者数は5,300人にものぼり，面矢は「まずは大成功といっていいだろう」[77]と述べている。

　そのほかにも彦根仏壇産地では，文化財・寺社仏閣・海外市場調査[78]や七曲がりフェスタ[79]，曳山ミニチュア製作[80]など，さまざまな産地振興活動が行われている。

5. 結語と今後の課題

　本章[81]では，仏壇産業で知られる彦根仏壇産地を調査対象とし，産地の特徴と現状，彦根仏壇の製造工程，産地でのさまざまな活動について概観した。最初に，彦根仏壇産地を学術的な視点からとらえるため，クラスター概念に関する先行研究をレビューし，本章におけるクラスター概念について検討した。ここでは，クラスターを「ある特定の分野に属し，相互に関連した，企業と機関からなる地理的に近接した集団」[82]であるとするPorter (1998=1999)の定義にしたがい，金井 (2003) の議論を参考に (1) クラスターの産業分野，(2) クラスターを構成するアクター，(3) クラスターの範囲，の観点から彦根仏壇産地との関係性について検討した。

　次に，彦根仏壇産地の特徴と現在の状況について確認し，彦根仏壇の製造工程について概括した。産地の特徴や現在の状況については面矢 (2015) をもとに，産地は主に仏壇の各部をつくる職人集団である工部と組立や販売を担う商部により構成されていることや，それぞれの事業規模・パワー関係，産地としての強みや抱えている課題などについて確認した。彦根仏壇の製造工程については，彦根仏壇産地に活動拠点を置く井上仏壇から提供された資料を中心に，各種文献，HPなどをも用いつつ概観した。ここでは製造期間や主に技術・材質の側面から各工程の特徴について確認し，概括した。また，彦根仏壇産地で行われてきた創作仏壇のデザイン開発や産地振興に関わる活動についても取り上げた。前者では，主に産地における創作仏壇のデザイン開発のきっかけや，その歴史的変遷などについて確認した。後者では，主に虹の匠研究会，彦根仏壇展と工芸技術コンクール，全仏展について確認した。

　最後に，本章で残された課題について述べる。本章では彦根仏壇産地および彦根仏壇，そこで行われているさまざまな活動について概観してきたが，産地を構成する多様なアクターについては取り上げていない。そのため，今後は彦根仏壇産地で活動しているアクターを把握し，その活動内容などにつ

いて研究を進めていく必要があると考える。

注

1）山田（2016:183）。

2）中村監修（1962:111）。

3）彦根市役所（2012:23）。

4）上野輝将ほか6人（2015:545）。

5）石倉（2003:12）。

6）Porter（1998=1999:70）。

7）このようなクラスター概念に関する議論については金井（2003:47-52）を参考にした。

8）金井（2003:48）。

9）この点については，金井も「クラスターは先進的産業のみならず，ワインや住宅のような伝統的産業を中核に形成することも可能である」と述べている（金井，2003:48）。なお，ここでの記述は彦根仏壇事業協同組合『平成23年度 地場産業新戦略補助事業実施報告書』（pp.1-7）を参照したものである。

10）Porter（1998=1999:70）。

11）Porter（1998=1999:77-8, 114）。

12）原田（2013:7）。

13）彦根仏壇事業協同組合HP「組合員一覧——彦根仏壇事業協同組合」（http://hikone-butsudan.net/member/, 2017年3月4日閲覧）。同組合のHPによると，組合員の内訳は，彦根市が29ヵ所，米原市が4ヵ所，東近江市が2ヵ所，長浜市が1ヵ所，犬上郡が1ヵ所，愛知郡が1ヵ所となっている（彦根仏壇事業協同組合HP「組合員一覧——彦根仏壇事業協同組合」：http://hikone-butsudan.net/member/, 2017年3月4日閲覧）。

14）面矢（2015:3）。なお、現在ではその規模は縮小傾向にある。

15）ここでいう組合とは「彦根仏壇事業協同組合」のことを指している（面矢，2015:3）。

16）面矢（2015:3）。

17）面矢（2015:4）。

18）柴田（2016:170-1）。また，柴田（2016）は，この点について「仏壇問屋」と表現しているのに対し，本章では「仏壇店」と表記しているが，その内包的

意味は同じである。

19）『失敗しない仏壇選び』p.9。ただし，ここで提示した各工程の製造期間は，彦根仏壇産地で活動する井上仏壇が手がけたものであり，かつ期間自体についても大まかなものである点には注意が必要である。

20）『失敗しない仏壇選び』p.9。

21）ここで，彦根仏壇の洗濯とよばれる修復作業についても確認しておく。彦根仏壇産地で活動している井上仏壇が仏壇を洗濯する場合，早い場合で3ヵ月，通常は4ヵ月以上の期間を要する。その場合，各工程における具体的な洗濯期間は以下の通りである。分解・洗浄・乾燥（約15日），木地直し（約15〜30日），宮殿・彫刻直し（約15日），本体塗り（約30〜100日），小物塗り（約15〜30日），金箔・金粉（約10〜30日），金具（＝修理と金メッキ，約30〜45日），蒔絵（約10〜30日），組立（約10〜20日）。なお，これらの工程についても，製造と同様に同時進行するものもあるため，単純に各工程期間の和が完成期間にはならない点には注意が必要である（『失敗しない仏壇の洗濯』p.6）。

　また，同店が手がけた場合の仏壇の洗濯価格の職種別内訳については以下の通りである。仏壇分解・掃除（2.9%），宮殿・彫刻修理（材料・手間，2.5%），木地交換・修理（材料・手間，4.6%），塗り（宮殿，彫刻などの小物の塗りも含む，36.0%），金箔・金粉（材料・手間，28.0%），金具修理（材料・手間・メッキ等，8.1%），蒔絵（材料・手間，3.7%），組立（材料・手間・運搬等，12.0%），仏具修理（分解・洗い・塗り・金箔・組立，2.2%）。ただし，これらのデータについては，大まかなものであり，実際には仏壇の状態や洗濯の仕上げ方，宗派などにより変動する点には注意が必要である（『失敗しない仏壇の洗濯』pp.5-6）。

22）2018年1月22日，井上昌一（井上仏壇代表）へのインタビューによる（150分，「木地の工程について」ほか）。

23）2018年2月25日，井上昌一（井上仏壇代表）へのインタビューによる（150分，「杖について」ほか）。

24）彦根仏壇事業協同組合・彦根仏壇史編纂委員会編集（1996:3）。

25）『失敗しない仏壇選び』p.10。

26）『失敗しない仏壇選び』p.10。

27）2018年1月22日，井上昌一（井上仏壇代表）へのインタビューによる（150分，「塗装工程について」ほか）。

28）『失敗しない仏壇選び』p.12。

29) 三田村（2005：39）。なお，漆の学名である"Anacardiaceae"は「ana（似る）とcardiac（心臓）が合わさった言葉で，種が心臓の形に似ているので付いた名である」（三田村，2005：40）。

30) 伝統的工芸品とは「『伝統的工芸品産業の振興に関する法律』（昭和四十九年五月二十五日公布）にもとづいて指定されるもので，①主として日常生活で使われるもの，②製造過程の主要部分が手作り，③伝統的な技術または技法によって製造，④伝統的に使用されてきた原材料，⑤一定の地域で産地を形成，という五つの要件を満たすことが条件」となっている（上野輝将ほか6人，2015：544-5）。このような条件に対し，彦根仏壇は「①西日本一帯の仏教信者の日常生活に使用されていること，②木地，宮殿，彫刻，錺金具，塗り，金箔押し，蒔絵の七職の分業と協業から組み立てられており，ほとんどが手工業生産であること，③木地の「柄組」による重ね組立式，宮殿の「竹ひご」による枡組み，木目出し塗り，金箔押しの艶消し押しなど，伝統的技術・技法が多用されていること，④檜，松，杉，欅，センノキなどの用材を使用し，漆は天然漆，金箔および金粉は純度九五.二四％のものを伝統的に使用していること，⑤彦根市および米原町（現米原市）でまとまった産地を形成していること」から伝統的工芸品の指定を受けた（上野輝将ほか6人，2015：545）。

31) 彦根仏壇組合合格壇とは伝統的工芸品の基準を少しゆるめたものであり，彦根仏壇事業協同組合が決めた基準で手造りした仏壇のことを指す（『失敗しない仏壇選び』p.5）。

32) 『失敗しない仏壇選び』p.13。

33) 2018年1月22日，井上昌一（井上仏壇代表）へのインタビューによる（150分，「金箔押しの工程について」ほか）。

34) 長谷川（2012：319）。

35) 彦根仏壇事業協同組合HP「お仏壇ができるまで｜彦根仏壇事業協同組合」（http://hikone-butsudan.net/flow/，2017年3月4日閲覧）。

36) 『失敗しない仏壇選び』p.17。

37) ここで，仏壇に用いられる金箔の違いについて確認しておく。仏壇に用いられる金箔は，縁付け金箔（手造り金箔）と断ち切り金箔（量産金箔）に分類される。前者は「手すきの雁皮紙を約半年間の手間暇をかけて仕込んだものを金箔打ち紙に用いるという，古来よりの製法で造られた純金箔」であり，後者は「特殊カーボンを塗布した硫酸紙（グラシン紙）を金箔打ち紙に用いて造られる純金箔」のことを指す。縁付け金箔を用いた工程は，高度な技術

が必要であり，断ち切り金箔と比べ，工程数は約10倍，作業時間は約5倍，工賃は約7倍もの差がある。また，縁付け金箔は断ち切り金箔と比べ，金箔一枚あたりの単価も高く，主に高級仏壇に使用される。一方，断ち切り金箔は，金箔一枚あたりの単価が縁付け金箔よりも安いこともあり，主に量産仏壇に使用される（『失敗しない仏壇選び』pp.14-5）。

38) 『失敗しない仏壇選び』p.17。

39) 2018年1月22日，井上昌一（井上仏壇代表）へのインタビューによる（150分，「金具（錺金具）の工程について」ほか）。

40) 『失敗しない仏壇選び』p.19。

41) 地彫り金具は，手間がかかり，高度な技術を要する希少金具である。そのため，現在では高級仏壇にしか用いられていない（『失敗しない仏壇選び』p.20）。

42) 『失敗しない仏壇選び』p.19。

43) 『失敗しない仏壇選び』p.19。ここで，それぞれの金具の長所と短所について確認しておく。手彫り金具の長所はどのような模様や寸法でもつくることができる点や，手づくりならではの風合いがある点などである。一方，短所は手づくりのため，精巧さや緻密さに欠ける点などである。電鋳の長所は，立体感のある金具の製造に適している点や，優れた金具とまったく同じ金具を安価で安定した数量を製造できる点などにある。短所は基型とまったく同じものしかつくれないため，木巾と合わない場合がある点である。プレス金具の長所は，平面的な金具の製造に適している点や，電鋳と同様に優れた金具とまったく同じ金具を安価で安定した数量製造できる点などにある。短所については電鋳と同じである。なお，手彫り金具は伝統的工芸品や彦根仏壇組合合格壇に，電鋳やプレス金具はほとんどの仏壇に使用されている（『失敗しない仏壇選び』pp.19-20）。

44) 『失敗しない仏壇選び』p.20。なお，消し金メッキには，安価なものからニス消し金メッキ，ブラシ消し金メッキ，本消し金メッキがある（『失敗しない仏壇選び』p.20）。

45) 2018年1月22日，井上昌一（井上仏壇代表）へのインタビューによる（150分，「蒔絵の工程について」ほか）。

46) 『失敗しない仏壇選び』p.21。

47) 『失敗しない仏壇選び』p.21。

48) 『失敗しない仏壇選び』p.21。

49) 2018年1月22日，井上昌一（井上仏壇代表）へのインタビューによる（150分，「蒔

絵の工程について」ほか)。

50) 2018年1月22日，井上昌一（井上仏壇代表）へのインタビューによる（150分，「宮殿の工程について」ほか)。

51) 『失敗しない仏壇選び』p.23。

52) 2018年2月25日，井上昌一（井上仏壇代表）へのインタビューによる（150分，「宮殿の工程と構造について」ほか)。

53) 『失敗しない仏壇選び』p.23。

54) 『失敗しない仏壇選び』p.23。

55) 2018年1月22日，井上昌一（井上仏壇代表）へのインタビューによる（150分，「彫刻の工程について」ほか)。

56) 『失敗しない仏壇選び』p.24。

57) 『失敗しない仏壇選び』p.24。

58) 『失敗しない仏壇選び』p.24。

59) 『失敗しない仏壇選び』p.24。

60) 面矢（2005:77)。また，この点について面矢は「さらに，新しいモダンな仏壇のデザインを考えても，売れる保証はない。簡単には手が出しにくい課題だったために後回しにしてきたのも事実だろう」と述べている（面矢，2005:77)。

61) 面矢（2005:77)。

62) 面矢（2005:77-8, 2015:8)。

63) 面矢（2005:77; 2015:8-9)。

64) 面矢（2005:77-8, 2015:9)。なお，最終的なデザイン案は「東京市場を強く意識したやや小型，一見モダンな外観の（しかし，その内部は伝統意匠で高密度に加飾された）独特なもの」となった（面矢，2005:78)。

65) これら4種類のカバンとは，「カート付きの車輪付き型，化粧箱にもなる手提げ型，脇に抱えるクラッチバッグ型，手提げと肩掛けの兼用型」の試作品のことである（面矢，2015:6)。

66) この仏壇は職人だけで現代に合う仏壇をつくる，というコンセプトのもと，開発された（『読売新聞』2004年2月14日付，『DADA Journal』2004.1.11.上旬 vol.338)。なお，ジャガーグリーンとは名車ジャガーの基本色であり，英国のナショナルカラーである（『DADA Journal』2004.1.11.上旬 vol.338)。

67) この製品は，仏壇部分を電動で収納できるものであり，「第18回全国伝統的工芸品仏壇仏具展」で近畿経済産業局長賞を受賞している（『中外日報新聞』2005年7月28日付)。

68) このグループは，滋賀県中小企業団体中央会の「ものづくり感性価値向上支援プロジェクト」に参加した彦根仏壇事業協同組合青年部（当時）の有志により構成されている（2018年2月25日，井上仏壇代表井上昌一へのインタビューによる〔150分，「『柒＋』について」ほか〕）。

69) 面矢（2015：5）。なお，会の名称は仏壇の七職と七色の虹をかけて名づけられている（面矢，2015：5）。

70) 面矢（2005：74）。

71) 面矢（2005：74）。

72) 面矢（2005：74-5, 2015：6）。

73) 面矢（2005：75）。

74) 面矢（2005：75）。

75) このイベントで行われた催しの概要については以下の通りである。第17回全国伝統的工芸品仏壇仏具展（仏前結婚式／伝統工芸体験コーナー／伝統工芸士の実演／青年部サミット，会場：滋賀県立文化産業交流会館），彦根仏壇展（第22回くらしの中の「彦根仏壇展」／彦根仏壇工芸技術コンクール作品展／「祈りの風景」フォトコンテスト作品展，会場：滋賀県立文化産業交流会館），七曲がりフェアー（仏画展／「祈りの風景」フォトコンテスト作品展／高僧の墨蹟日暦と工藝色紙展，会場：彦根市七曲がり彦根仏壇総合センター），記念講演会（会場：ひこね市文化プラザ），淡海の匠展（第8回滋賀県伝統的工芸品展／彦根地場産業展，会場：滋賀県立文化産業交流会館）（「第17回 全国伝統的工芸品仏壇仏具展 座㋡BUTSUDAN 心の豊かさ——コミュニケーションメディアとしての仏壇——」〔チラシ〕）。なお，これらの催しはすべて彦根市で行われたわけではなく，米原市でも行われていた点には注意が必要である。

76) 面矢（2005：76, 2015：7）。

77) 面矢（2005：76）。

78) 彦根仏壇事業協同組合『平成23年度 地場産業新戦略補助事業実施報告書』pp.1-8。

79) このイベントは，仏壇関係者が集まる七曲がり地域を会場とし，一般の集客を目的に行われているものである。

80) これは，大津曳山ミニチュア製作プロジェクトという彦根仏壇の伝統工芸の継承と後継者の育成を目的に発足したものである（「経済産業大臣指定伝統的工芸品彦根仏壇 大津曳山ミニチュア製作プロジェクト」〔チラシ〕）。

81) 本章では，彦根仏壇産地に関する先行研究をもとに記述した部分はあるものの，

それ自体については取り上げていない。ただし，近年の彦根仏壇産地に関する研究として柴田（2016）があるため，ここではその研究について確認しておく。

柴田（2016）は，「なぜ伝統産業では，創業者一族が経営を支配する同族企業が代を重ね，長寿企業として現代まで存続しているのだろうか」（柴田，2016：167）という問題意識をもち，彦根仏壇産業における仏壇問屋を中心としたビジネスシステムを，経営伝承と技能伝承という観点から分析した。

柴田は，彦根仏壇産業における仏壇問屋のビジネスシステムの全体像についてまとめ，その特徴として，次の4点を指摘している。（1）彦根仏壇の生産が垂直分業体制であること。（2）「経営と技能」が分離し，仏壇問屋が品質管理を含めた取引ガバナンス機能を備えていること。（3）仏壇問屋は各職能につき，数人の職人と長期継続的な取引関係を構築していること。（4）各職人は，比較的自由に仏壇以外の仕事を行うことができること（柴田，2016：170-1）。

柴田は，このように彦根仏壇産業における仏壇問屋のビジネスシステムの全体像について確認したうえで，経営伝承システムについて分析し，以下の4点を抽出している。（1）経営の伝承は，基本的に血縁にもとづく同族企業を中心に行われていること。（2）経営の伝承は長子以外の兄弟が担うことがあること。（3）経営を継承しなかった兄弟でも，経営の意思や能力がある場合，次々と独立し，スピンオフが行われることがあること。（4）スピンオフした企業は，仏壇産業全体の活性化に寄与することに加え，血縁が途絶えるリスクを逓減させていること（柴田，2016：173）。柴田はこれら4点について永樂屋の事例を中心に指摘している（柴田，2016：171-2）。

次に，柴田は彦根仏壇産業における技能伝承のビジネスシステムについて大きく仏壇問屋と職人との取引関係および工部七職それぞれの職能内の職人家族という2つの視点から理解する必要があると述べている（柴田，2016：174）。

まず，仏壇問屋と職人との取引関係については，長期継続的取引が複数の職人との間で行われている理由について次の2点を指摘している。（1）取引関係にある職人を複数にすることにより，職人の早世や，取引条件に関する交渉力の不自然な強化といったリスクを分散・回避するため。（2）職人間の競争力を働かせるため（柴田，2016：174-5）。また，複数ではあるものの，2〜3人という少数の職人に限定している理由については，次のようなことを

指摘している。取引関係にある職人は，仏壇問屋と長年の付き合いがあるため，その仏壇問屋のデザイン・コンセプトを理解している。そのため，仏壇問屋は取引関係にある職人を少数にすることで不必要な「営業上の秘匿」の流出を回避している。そして，仏壇問屋にとってそのような職人は貴重であるため，仏壇の需要が極端に減少しても，職人に仕事を回し，彼らの生活を支えることが出来るようにそのような人数に抑えられている（柴田, 2016:175-6）。

　一方，工部七職の職能内における技能伝承システムについては，最小単位が職人家族であり，それをもとに単能工を育成するという点に特徴がみられるとしている（柴田, 2016:177）。

　このように，柴田（2016）は彦根仏壇産業の事例を通して，伝統産業のビジネスシステムには，家族的経営のメリットがいかされている一方，デメリットを抑制する合理的なシステムが存在していることを指摘している。

82）Porter（1998=1999:70）。

参考文献

石倉洋子, 2003,「今なぜ産業クラスターなのか」石倉洋子・藤田昌久・前田昇・金井一頼・山崎朗著『日本の産業クラスター戦略——地域における競争優位の確立——』有斐閣,pp.1-41。

上野輝将ほか6人, 2015,『新修 彦根市史 第4巻 通史編 現代』彦根市。

面矢慎介, 2005,「彦根仏壇組合との10年——デザイン・伝統産業・大学——」滋賀県立大学人間文化学部研究報告『人間文化』Vol.18, pp.73-8。

————, 2015,「彦根仏壇産業の歴史と現在」*Bulletin of Asia Design Culture Society* ISSUE NO.9 ORIGINAL ARTICLES NO.2015JT007 Accepted March11, 2015〔CD-ROM〕.

金井一頼, 2003,「クラスター理論の検討と再構成」石倉洋子・藤田昌久・前田昇・金井一頼・山崎朗著『日本の産業クラスター戦略——地域における競争優位の確立——』有斐閣,pp.43-73。

柴田淳郎, 2016,「経営と技能伝承のビジネスシステム 彦根仏壇産業の制度的叡知」加護野忠男・山田幸三編『日本のビジネスシステム——その原理と革新——』有斐閣, pp.167-82。

中村勝直監修, 1962,『彦根市史 中冊』彦根市役所。

長谷川嘉和, 2012,「伝統産業誌」彦根市史編集委員会編集, 2012,『新修 彦根市史

　　第11巻 民俗編』彦根市, pp.309-24。

原田保, 2013,「地域デザインの戦略的展開に向けた分析視角——生活価値発現のた
　　めの地域のコンテクスト活用——」地域デザイン学会誌『地域デザイン』第
　　1号, pp.7-15。

彦根市役所, 2012,『風格と魅力ある都市 彦根』〔彦根市勢要覧〕。

彦根仏壇事業協同組合・彦根仏壇史編纂委員会編集, 1996,『淡海の手仕事——通商
　　産業大臣指定・伝統的工芸品 彦根仏壇——』〈伝統的工芸品産地指定二十周年
　　記念誌〉彦根仏壇事業協同組合。

三田村有純, 2005,『漆とジャパン——美の謎を追う——』里文出版。

山田幸三, 2016,「集積のなかでの切磋琢磨 競争が支える協働と工程別分業」加護
　　野忠男・山田幸三編『日本のビジネスシステム——その原理と革新——』有
　　斐閣, pp.183-206。

Porter, M.E., 1998, *On Competition*, Harvard Business School Press（=1999, 竹内
　　弘高訳『競争戦略論Ⅱ』ダイヤモンド社）。

索　引

あとがき

　本書は，既存発表論文と書き下ろしとから成っている。ただし，既存発表論文については本書をまとめる過程でいずれも加筆・修正を行った。

第1章　書き下ろし。
第2章　「地域企業のブランド戦略——マーケティング論からみた井上仏壇店の商品開発——」日本ビジネス・マネジメント学会誌『ビジネス・マネジメント研究』第16号，2020年。
第3章　書き下ろし。
第4章　書き下ろし。
第5章　書き下ろし。
第6章　「地域企業の海外展開に向けた経営戦略——滋賀県彦根市・井上仏壇店の製品開発——」滋賀県立大学人間文化学部研究報告『人間文化』vol.47，2020年。
第7章　書き下ろし。
補　章　「伝統産地の特性と活動についての研究——彦根仏壇産地の事例——」滋賀県立大学人間文化学部研究報告『人間文化』vol.45，2018年。

　本書で述べたように，彦根仏壇の伝統技術は幅が広く，専門性が高い。このような高いポテンシャルのある技術をどのようにして異分野での製品開発にまでつなげていったのか，私はこの点に興味を抱き，調査テーマにしたい旨を井上仏壇代表の井上昌一さん，同店取締役の井上隆代さんにお伝えした。このような私の申し出に井上さんご夫妻が快く応じてくださったおかげで，調査を実施し，研究を進めることができた。

　また，本書の第5章については，愛知酒造㈲代表取締役社長中村哲男さん，同取締役中村晃子さんご夫妻にも取材にご協力いただいた。滋賀県出身である私にとって，同社のような社会的プレゼンスを確立している長寿企業に取材をすることができたのは大変光栄なことであった。中村さんご夫妻のおかげで第5章の内容を充実したものにすることができた。

　いうまでもなく，本書はこのような方々のご厚意に支えられたものである。調査にご協力いただいたすべての方々にこの場をお借りして厚く御礼を申し上げる。

　本書の刊行に際しては，サンライズ出版㈱社長の岩根順子さん，同専務の岩根治美さん，スタッフの方々に大変お世話になった。サンライズ出版㈱には，出版事情の厳しいなか，私のような若輩者に3冊目の研究書を発刊する機会を与えていただいた。ここに記して心より感謝申し上げる。

　最後に，日ごろから筆者の研究に理解を示し，応援してくれた家族にこの場を借りて深く感謝の意を述べたい。本当にありがとう。

2022年7月

大 橋 松 貴

■著者略歴

大橋　松貴（おおはし　まつたか）

1984年	滋賀県に生まれる
2009年	専修大学経営学部経営学科卒業
2012年	横浜国立大学大学院環境情報学府博士課程前期環境イノベーションマネジメント専攻修了（修士：学術）
2016年	滋賀県立大学大学院人間文化学研究科地域文化学専攻 博士後期課程修了（博士：学術） 滋賀県立大学博士研究員，社会福祉系NPO勤務を経て
現　在	大月市立大月短期大学経済科 助教

専　攻　経営戦略論，製品開発論，イノベーション論

主要業績
単著　『観光都市中心部の再構築──滋賀県長浜市の事例研究──』サンライズ出版，2017年
　　　『伝統産業の製品開発戦略──滋賀県彦根市・井上仏壇店の事例研究──』サンライズ出版，2019年
共著　『入門 観光学』ミネルヴァ書房，2018年
論文　「地域再生装置としての観光ビジネスに関する考察──レント分析を中心に──」地域デザイン学会誌『地域デザイン』第3号（2014）
　　　「地域産業としての仏壇産業における製品開発の新機軸に関する考察──滋賀県彦根市の井上仏壇店の事例──」地域デザイン学会誌『地域デザイン』第5号（2015）
　　　「地域産業における中小企業のターンアラウンド戦略に関する一考察──彦根仏壇産地における井上仏壇店の製品開発──」日本ビジネス・マネジメント学会誌『ビジネス・マネジメント研究』第14号（2018）
　　　「地域企業のブランド戦略──マーケティング論からみた井上仏壇店の商品開発──」日本ビジネス・マネジメント学会誌『ビジネス・マネジメント研究』第16号（2020），ほか

伝統技術による現代的価値創造
─滋賀県彦根市　井上仏壇の製品開発戦略─

2022年7月30日　初版第1刷発行

著　者　大　橋　松　貴
発行者　岩　根　順　子
発行所　サンライズ出版株式会社
滋賀県彦根市鳥居本町655-1
☎ 0749-22-0627　〒522-0004
印刷・製本　P-NET信州

©Ohashi Matsutaka 2022
ISBN978-4-88325-765-2
乱丁本・落丁本は小社にてお取り替えします。
定価はカバーに表示しています。